现代智能控制实用技术丛书

Modern intelligent control practical technology Series

信息的传输与通信技术

苏遵惠 编著

机械工业出版社

《现代智能控制实用技术丛书》共分为四本，其内容按照信号传输的链条，即由传感器、调制与解调、信息的传输与通信技术和智能控制技术的应用组成。

本书系统地对信息传输与现代通信技术的密切关系、通信技术的发展简史，以及现代通信技术的特点和发展趋势进行介绍；客观回顾我国通信事业的发展历程；并简述世界通用的、利用通信技术传输信息的主要手段，诸如有线通信的载波技术、无线通信的微波接力通信的基本概念、基本原理，以及各类通信系统的组成、特点、优势、不足及适用领域。

本书还对现代通信技术的"高速公路"，即光导纤维通信、5G通信、卫星通信系统技术，以及近距离小容量的通信手段——无线保真（WiFi）、蓝牙和可见光通信技术进行原理、功能及应用的阐述。对未来的通信技术，即量子通信技术的概况进行介绍，并预测量子通信技术将在计算机技术、通信传输技术、卫星通信技术等方面应用的可期待前景。

本书可作为大专院校或高等院校智能控制类相关专业的参考书籍，也可供从事智能控制信息的传输方面的设计、制造、应用领域工作的工程技术人员作为参考资料。

图书在版编目（CIP）数据

信息的传输与通信技术／苏遵惠编著. -- 北京：机械工业出版社，2024. 10. --（现代智能控制实用技术丛书）. -- ISBN 978 – 7 – 111 – 76573 – 8

Ⅰ．TN

中国国家版本馆 CIP 数据核字第 2024QX9836 号

机械工业出版社（北京市百万庄大街22号　邮政编码100037）
策划编辑：江婧婧　　　　　　　　责任编辑：江婧婧　翟天睿
责任校对：张昕妍　王　延　　　　封面设计：王　旭
责任印制：刘　媛
北京中科印刷有限公司印刷
2024 年 10 月第 1 版第 1 次印刷
169mm×239mm · 13 印张 · 251 千字
标准书号：ISBN 978-7-111-76573-8
定价：99.00 元

电话服务　　　　　　　　　　　网络服务
客服电话：010-88361066　　　机 工 官 网：www.cmpbook.com
　　　　　010-88379833　　　机 工 官 博：weibo.com/cmp1952
　　　　　010-68326294　　　金 书 网：www.golden-book.com
封底无防伪标均为盗版　　　机工教育服务网：www.cmpedu.com

丛书序

　　自动控制、智能控制、智慧控制是相对 AI 控制技术的普遍话题。在当今的生产、生活和科学实验中具有重要的作用，这已是公认的事实。

　　在控制技术中离不开将甲地的信息传送到乙地，以便远程监测（遥测）、视频显示和数据记录（遥信）、状况或数据调节（遥调）和智能控制（遥控），统称为智能控制的四遥工程。

　　所谓信息，一般可理解为消息或知识，在自然科学中，信息是对这些物理对象的状态或特性的反映。信息是物理现象、过程或系统所固有的。信息本身不是物质，不具有能量，但信息的传输却依靠物质和能量。而信号则是信息的某种表现形式，是传输信息的载体。信号是物理性的，并且随时间而变化，这是信号的本质所在。

　　一般说来，传输信息的载体被称为信号，信息蕴涵在信号中。例如，在无线电通信中，电磁波信号承载着各种各样的信息。所以信号是有能量的物质，它描述了物理量的变化过程，在数学上，信号可以表示为关于一个或几个独立变量的函数，也可以表示随时间或空间变化的图形。实际的信号中往往包含着多种信息成分，其中有些是我们关心的有用信息，有些是我们不关心的噪声或冗余信息。传感器的作用就是把未知的被测信息转化为可观察的信号，以提取所研究对象的有关信息。

　　为达到以上目的，必须将原始信息进行必要的处理再转换成信号。诸如信息的获得，将无效信息进行过滤，将有效信息转换成便于传输的信号，或放大为必要的电平信号；或将较低频率的原始信息"调制"到较高频率的信号；或为了满足传输，特别是远距离传输的要求，将原始模拟信息进行数字化处理，使其成为数字信号等。这就是智能控制发送部分的"职责"——信息的收集与调制。

　　然后，将调制后的信号置于适用的、所选取的传输通道上进行传输，使调制后的信号传输至信宿端——乙地。当然，调制后的信号在传输过程中由于受到传输线路阻抗的作用，使信号衰减；或受到外界信号的干扰而使信号畸变，则需要在经过一段传输距离后，进行必要的信号放大和（或）信号波形整形，即加入所谓的"再生中继器"，对信号进行整理。

　　在乙地接收到经传输线路传送来的信号后，一般都需要进行必要的"预处理"——信号的放大或（和）波形整形，然后进行调制器的反向操作"解调"，即将高频信号或数字信号还原成原始信息。将原始信息通过扬声器（还原的音频信号）、显示器（还原的图像或视频信号）、打印（还原的计算结果）或进行力学、电磁学、光学、声学等转换，对原始信息控制目的物进行作用，从而达到智能控制的目的。

本套丛书就是对智能控制系统中各个环节的一些关键技术的原理、特性、基本计算公式和方法、基本结构的组成、各个部分参数的选取，以及主要应用场合及其优势和不足等问题进行讨论和分析。

智能控制系统的主要部分在于：原始信息的采集和有效信息的获取——"传感器"，也被称作"人类五官的延伸"；将原始信息转换成传输线路要求的信号形式——"调制器"，也是门类最多、计算较为复杂的部分；传输线路技术——诸如有线通信的"载波通信线路技术""电力载波通信线路技术""光纤通信线路技术"，无线通信的"微波通信技术""可见光通信技术"及近距离、小容量的"微信通信技术""蓝牙通信技术"等。还包括未来的通信技术——"量子通信技术"等，对其基本原理、基本结构、主要优缺点、适用场合及整体信息智能控制系统做一些基础性、实用性的技术介绍。

对于信息接收端，主要工作在于对调制后的信号进行"解调"，当然包括对接收到调制信号的预处理，并按照信号的最终控制目的，将信号进行逆向转换成需要的信息，使之达到远程监测、视频显示和数据记录、状况或数据调节和智能控制的目的。

本套丛书则沿着"有效信息的取得""有效信息的调制""调制信号的传输""调制信号的解调"以及"智能控制系统的举例应用"这一线索展开，对比较典型的智能控制系统，应用于实践的设计计算及控制的逻辑关系进行举例论述。

本套丛书分为四本，包括《传感技术与智能传感器的应用》《信号的调制与解调技术》《信息的传输与通信技术》和《智能控制技术及其应用》。

本套丛书对于现代智能控制实用技术不能说是"面面俱到"，但基本技术链条比较齐全，涉及面也比较广，但也很可能挂一漏万。书中的主要举例都是作者在近三十多年的实践中，通过学习、设计、实验、制造、使用中得到验证的智能控制范例。可以将本套丛书用于对智能控制基础知识的学习，作为基本智能控制系统设计的参考。本套丛书虽然经历了十多年的知识积累，但仍然觉得时间仓促，加之水平有限，错误与疏漏之处在所难免，恳请读者批评指正。

苏遵惠

2024 年 5 月于深圳

前　言

随着科技的发展，通信技术的创新性不断提高，人们开始依赖各种形式的通信技术进行信息的传输。无论是语音通信、短信、邮件、社交媒体，还是云计算、物联网等都是通信技术的典型应用。现代智能控制的信息更是离不开通信技术，并且不断地促进通信技术的飞跃发展。可见，通信技术是信息传输的必要技术基础，而依据通信技术的理论和通信手段使信息的传输得以实现。

通信工程是近年来逐步发展形成的一个单独学科。在开始只是属于电子信息工程，自从通信技术由传统的电报、电话向数字通信、卫星通信、太空通信发展，传输手段从实线传输向载波传输、微波传输、光导纤维通信技术发展，其通信方式更加齐备，其稳定性和安全性更加优良，与信息的传输关系更加紧密，即形成了信息通信工程的完整体系和专门学科。

通信技术从远古时代的烟火传信，发展到现代的数据传输，经历了漫长的发展历程。早期，书信是唯一的通信方式，随着印刷术的发展，书籍、报刊的出现，使信息的传播速度得到加快，并且使信息得到更加准确的传播，人类社会开始进入初级的信息时代。18世纪电报的发明，从及时性角度成为信息传播又一个发展的标记。模拟语音通信——电话的出现，标志着通信方式由电讯向电信方向的进步。20世纪计算机技术为通信技术注入了巨大的信息传输的能量，其后，1971年发明的电子邮件、1983年TCP/IP的发布，标志着联网通信开始崛起，1991年万维网进入人们的视野，互联网的发明将人类的通信推向一个更加广阔的时代。而随之派生出诸如移动通信、搜索引擎、电子社交媒体等，将人类的信息爆炸推向更新的领域。

特别是通信手段高速发展，真正为实现人人相通、事事相同、物物相连带来了无限可能，信息的传输更加量大、快捷、准确。可见，通信技术的发展对信息传输产生了巨大的影响力，在智能控制领域，现代通信技术足以满足智能控制的时限性、精确性和数据的多元性。

通信技术不断地创新对信息的传输，以及智能控制的实现，直至人类社会生活发生的巨变，信息的传输和智能控制的高速发展也必将继续推动通信技术的不断进步。

当今人们的交流已经离不开通信，生活和生产离不开通信，国防和科技也离不开通信，在智能控制系统中更离不开高速、大数据、精准的通信技术。

通信技术系统由通信端机和传输信道组成，二者相辅相成。

传输信道分为两大类型，即有线通信和无线通信。有线通信通过电缆进行电信号传输，或通过光缆进行光信号传输；无线通信通过电磁波和光波、声波（实际上也是电磁波的一种）在空气中进行传播。

近年来由于远距离的卫星通信、近距离的微信、蓝牙等通信手段的发展，特别是5G技术的兴起和世界性竞争，使人们开始非常重视通信的发展，业内人士更加热衷于对5G与其他通信方式优势和劣势的探究。

由于时间和精力有限，不足和错误之处恳请读者批评指正！

苏遵惠
2024 年 5 月

目　录

第一章

简说通信技术与信息传输

第一节 通信技术概述

一、通信技术的定义

通信技术（Communications Technology）是指将信息从一个地点传送到另一个地点所采取的方法和措施。通信技术是电子技术极其重要的组成部分，按照历史发展的顺序，通信技术先后由人体传递信息通信、简易信号通信，发展到有线通信和无线通信，直至未来的量子通信技术。

二、通信技术与信息传输

随着社会的不断进步以及信息技术的快速更新，通信技术原理清晰、技术成熟、使用广泛、发展快速，并已建立了完善的体系。对于蓬勃发展起来的智能控制、智慧控制技术中的信息传输，具有多种传输方式、传输内容和传输手段供信息传输选择和使用。通信技术在人工智能领域的应用，不仅可以"信手拈来"，还在信息传输效率、信息传输的可靠性和稳定性，以及根据传输信息的种类、信息量大小、传输速度、传输失真度、对传输延时等参数的要求，对通信方式进行选择，发挥其本来具有的优势。而且在通信技术中，信息传输是不可缺少的重要一环。

由此可见，通信技术为成熟的、系统的、能够满足信息传输需要的、不断发展和提高的技术，而信息传输是通信技术在自动控制中的应用。二者为密不可分且相辅相成的关系。

第二节 通信技术的发展简史

近代通信产生于 1835 年，在这一年莫尔斯（S. F. Morse）发明了电报。莫尔斯电码的出现使得莫尔斯电磁式有线电报问世。

1876 年，贝尔（A. G. Bell）发明了电话机；1878 年，人工电话交换机出现；1892 年，史瑞乔自动交换局设立；1912 年，美国 Emerson 公司制造出世界上第一台收音机；1925 年，英国人约翰·贝德发明了世界上第一台电视机；20世纪 30 年代控制论、信息论等理论形成；最近 50 年，通信技术包括了数据传输信道的发展、数据传输技术的发展和 20 世纪 80 年代后的多方向发展。

数据传输信道的发展包括同轴电缆、双绞线、光纤、越洋海底电缆、微波信道、短波信道、无线通信和卫星通信等。

数据传输技术的发展包括基带传输、频带传输及调制技术、同步技术、多路复用技术、数据交换技术、编码/译码技术、加密技术、差错控制技术和数据通信网络、通信成套设备、通信协议等。

20 世纪 80 年代以后，电报发展为用户电报和智能电报；电话发展为自动电话、程控电话、可视图文电话和 IP 电话。同时出现了移动无线通信、多媒体技术和数字电视等多种通信技术。

近年来，以计算机为核心的信息通信技术（Information and Communications Technology，ICT）凭借网络飞速发展，渗透到社会生活的各个领域。ICT 不同于世界通用的通信技术，其字面意思为信息通信技术，实际上为信息通信技术的广义扩展。ICT 产生的背景是行业间的融合，以及复杂的信息形式和庞大的交换量，特别是信息社会的强烈诉求。

ICT 作为信息通信技术的表述更能准确地反映支撑信息社会发展的通信方式，同时也反映了电信事业在信息时代自身职能和使命的演进。

第三节　现代通信技术特点

现代通信技术具有以下特点。

（一）通信数字化

目前已经完成由模拟通信向数字通信的转化。通信数字化可以使信息传递更为准确可靠，抗干扰性与保密性强。数字信息便于处理、存储和交换，通信设备便于集成化、固态化和小型化，适合多种通信形式，能使通信信道达到最佳。

（二）通信容量大

现代通信容量大，在各种通信系统中，光纤通信更能反映这个特点。光纤通信的容量为电器通信容量的 10 亿倍以上。

（三）通信网络系统化

现代通信形成了由各种通信方式组成的网络系统。通信网络是由终端设备、交换设备、信息处理、信号转换设备及传输线路构成的。网络化的宗旨是共享功能与共享信息，提高信息利用率。网络系统包括局部地区网、分布式网、远程网、分组交换网、综合业务数字网等。可以采用网络互联等技术将各种网络连接起来，进一步扩大信息传递的范围。

（四）通信计算机化

通信技术与计算机技术的结合使通信与信息处理融为一体。表现为终端设备与计算机相结合，产生了智能化的多功能电话机。与此同时，与计算机相结合的数字程控交换机也已推广应用。利用通信卫星进行计算机通信是近年来计算机通信的一个重要方面，也是我国计算机通信发展的一个极有潜力的途径。

现代通信技术的发展，已经或正在促使通信进入一些新的领域：

1）通信卫星减少了时间和地理距离给通信费用带来的限制；

2）综合业务通信网的结构，对于话音、数据和图像，以及视频信号等各种信息媒介，在传输和交换上取得了综合性作用；

3）采用卫星直接广播和光纤入户取代电缆电视传送手段；

4）由国家经营的全国性公众通信网和企业经营的各种事务网将并行发展，相互补充；

5）人机通信和信息机器之间通信的占比正在增加；

6）立即通信和存储转发通信、即时通信和定时通信、透明通信和增值通信等正在被开发使用。

第四节　通信技术的发展趋势

目前，通信技术已脱离纯技术驱动的模式。走向技术与业务相结合、互动的新模式。预计从市场应用和业务需求的角度，最大和最深刻的变化将会是从语音业务向数据业务的战略性转变，这种转变将深刻地影响通信技术的发展方向。从技术角度来看，将呈现以下趋势。

（一）融合趋势

融合将成为下一代通信技术发展的主旋律。随着网络应用加速向网际互联协议（Internet Protocol，IP）汇聚，网络将逐渐向着 IP 业务最佳的分组化网络的方向演进和融合。下一代网络将是电信网络与互联网的融合和发展。融合将体现在语言与数据、传输与交换、电路与分组、有线与无线、移动与无线局域网、管理与控制、电信与计算机、集中与分布、电域与光域等多个方面。

（二）交换技术的分组交换

随着业务从语音向数据的转移，从传统的电路交换技术逐步转向分组交换技术，特别是以无连接 IP 技术为基础的整个电信新框架将是一个发展趋势。现有的电路交换技术在传送数据业务方面效率较低，不能按需支持宽带业务，而现有的 IP 网络在支持实时业务方面缺乏服务质量保证，因此，从电路交换向分组交换的转变并不简单。同时，从传统的电路交换网到分组化网络将是一个较长时期的渐进过程，采用具有开放式体系架构和标准接口，实现呼叫控制与媒体层和业务层分离的软交换将是完成这一平滑过渡任务的关键。

（三）传输技术向光互联网转变

光波分复用（Wavelength Division Multiplexing，WDM）技术的出现和发展为电信网提供了巨大的容量和低廉的传输成本，有力地支撑着上层业务和应用的发展。但是，点对点 WDM 系统只提供了原始的传输带宽，需要有灵活的网络结点才能实现高效的组网能力。自动交换光网络（Automatically Switched Optical Network，ASON）的出现吸取了 IP 网的智能化经验，有效解决了 IP 层与光网层的融合问题，代表了下一代光网络的研究方向。

（四）接入技术的宽带化

面对核心网和用户侧带宽的快速增长，中间的接入网却仍停留在窄带水平，而且主要是以支持电路交换为基本特征，与核心网侧和用户侧的发展趋势很不协调。接入网已经成为全网带宽的最后瓶颈，接入网的宽带化和 IP 化将成为接入网发展的主要趋势。有线接入除发展数字用户线路和以太网等宽带接入技术外，以以太无源网络（Ethernet Passive Optical Network，EPON）为代表的宽带接入技术以及城域以太网技术将成为主要的研究方向和应用重点。无线接入技术方面除了 4G 等移动通信和无线以太网技术等宽带接入技术会大量应用外，具有更高速率、更高频谱效率和智能的新一代带宽移动通信技术，即 5G 将成为新的发展方向。

（五）无线技术向更高频谱发展

无线传输技术从 3G/4G 向更高频谱发展，从单一无线环境到通用无线环境转变。

在宽带业务需求不断增长的情况下，无线传输作为个人通信的重要手段，其与宽带业务发展需求之间的矛盾显得十分突出。尽管第 4 代（4G）能提供 Mbit/s 量级的传输速率，但与宽带业务的发展需求相比还相差甚远，远远不能满足未来个人通信的需求。具有高数据率、高频谱利用率、高速传输、极低延时和延时一致性、灵活业务支撑能力的无线移动通信系统（5G）可将无线通信的传输容量和速率提高数十倍甚至数百倍。同时根据各种接入技术的特点，构建分层无缝隙全覆盖整合系统，形成通用无线电环境，并实现各个系统之间的互通，这将是通往未来无线与移动通信系统的必然途径。

第五节　网络通信技术的发展

网络通信技术发展的基本方向是开放、集成、融合、高性能、智能化和移动性。通信网络正逐步朝着高速、宽带、大容量、多媒体、数字化、多平台、多业务、多协议、无缝连接、安全可靠和保证质量的新一代网络演进，同时应充分考虑固定与移动的融合。

（一）开放体系

开放体系是指开放的体系结构和接口标准，使各种异构系统便于互联并具备高度的互操作性，其关键问题是标准化。

（二）服务与应用的集成

集成表现在各种服务与多种媒体应用的高度集合上。在同一个网络中，允许各种信息传递，既能提供单点传输，也能提供多点投递；既能提供尽力而为的无特殊服务质量要求的信息传递，也能提供有一定延时和差错要求并能确保服务质量的实时传递。

（三）网络的高性能

高性能表现为网络应当提供高速的传输、高效的协议处理和高品质的网络服务。高性能网络应该具有可缩放功能，既能接纳增长的用户数目，又不降低网络的性能；能高速、低延时地传送用户信息；按照应用要求来分配资源；具有灵活的网络组织和管理。

（四）多方面的融合

融合将成为网络通信发展的主旋律。融合将体现在语音与数据、传输与交换、电路与分组、有线与无线、移动与固定、管理与控制、电信与计算机、集中与分布、电域与光域等多个方面。

（五）网络和传输的智能化

智能化表现为网络的传输和处理能为用户提供更为方便、友好的应用接口，在路由选择、拥塞控制和网络管理等方面显示出更强的主动性。尤其是主动网络（Active Network，AN）的研究，使得网络内执行的计算能动态地变化，该变化可以是用户指定或应用指定的，且用户数据可以利用这些计算。

（六）网络通信技术的发展趋势

网络通信技术的发展趋势包括以下几个方面：

1）宽带化：随着人们对高速数据传输的需求不断增加，通信网络的宽带化将是未来的趋势。

2）无线化：移动通信技术的不断发展，使得无线化成为通信技术发展的趋势。

3）智能化：人工智能、大数据等新技术的发展，将会让通信技术变得更加智能化和自动化。

4）安全化：通信安全已成为人们关注的重点之一，通信技术的发展也需要不断加强安全保障。

5）综合化：通信技术的不断综合和交叉将使得通信技术更加方便、快捷和高效。

同时，在未来的发展中，以下技术也将起到重要的推动作用：

1）5G 技术：5G 技术将进一步推动通信行业的发展，提供更高的带宽、更低的延迟和更多的连接。

2）云计算：云计算将为通信技术提供更强大的计算和存储能力，支持更复杂的应用和服务。

3）大数据：大数据技术将帮助通信行业更好地理解用户需求，优化网络性能，提供个性化的服务。

4）物联网：物联网的发展将使通信技术与各种设备和传感器紧密结合，实现更广泛的互联和智能化控制。

第六节　通信技术的社会作用

通信是国家和现代社会的神经系统，通信产业本身又是国民经济的基础结构和先行产业。通信技术是随着社会发展和人类需要而发展起来的；反过来，通信技术的发展又对社会的发展起着巨大的推动作用。通信技术被公认为是国民经济发展的"加速器"和社会效益的"倍增器"，现代通信技术是改变人们生活方式的"催化剂"，是信息时代和信息社会的生命线。其作用可表现在以下几个方面。

（一）　对其他产业的促进作用

通信产业对其他产业的发展具有促进作用。

通信产业是国家发展发展国民经济的重要基础产业，通信产业的发展可以带动国民经济各个部门的快速发展，从而产生巨大的经济效益。比如，日本在1995 年建成的高级通信网总投资为 800 亿美元~1200 亿美元，由此诱发国民经济各个部门生产活动所产生的经济效益可达到 4000 亿美元，其增长系数为 3.3 ~ 5。美国哈迪博士研究统计了 50 多个发达和发展中国家的电话普及率提高与其所引起的国民经济增长的关系，其结论是：如果前 5 年电话普及率提高 1%，则后 7 年人均国民生产总值可提高 3%。总之，通信产业和通信事业对于国民经济各个产业部门，如交通、能源、航空、铁道、水利、金融、广播电视等的发展有着重要的促进作用。

（二）　促进资源和资金的周转

通信事业的发展能够缩短时间和空间的跨度，加快资源和资金周转。

通信技术可以提高各种设备的运营效率和能力，尤其在当代，经济关系的国际化、数据交换的全球化，使资金可以通过国际互联的数据通信网周游世界。

（三）减少人员流动和实物流通总量

通信事业的发展能够明显地缓和交通运输的压力，大幅度减少人员的流动和实物的流通总量，节约能源消耗。

利用通信技术手段可以代替出差、外出联系工作和信息获取。据统计在中国由此每天节约的能源是当日用量的7%，同时还减少了废气和噪声的污染，保护了生态环境。

（四）实现数据库资源的共享

通信事业可以实现数据库等资源的共享，为经济发展提供更加简捷的通道。

在信息社会里，信息不仅是资源，而且也是资本，是产品。通过数据通信网络及与数据库相连的计算机通信终端，科研院所和大小企业能迅速得到有价值的数据资料，为科研和生产的决策服务。

（五）促进劳动生产力和工作效率的提高

通信技术的发展可以促进劳动生产力和工作效率的显著提高。

据报道，法国巴黎最新设计的服装资料通过因特网，只需要1min就可以在我国广州的计算机上显示出来，再经过不到1h的时间，这些最新设计的服装便可以展示在商店的橱窗内。由此说明通信技术使生产效率和工作效率提高到惊人的地步。据美国对201种行业440种职业的调查统计表明，信息产业创造的价值占美国国民经济的48%。随着现代通信技术与计算机技术的迅速发展，劳动生产效率必定会进一步提高。

（六）通过计算机技术实现电子信息战

通信技术与计算机技术的结合，使现代战争成为现代电子信息战。

通信技术已成为现代信息战争取得胜利的关键因素。1991年的海湾战争就是电子信息战争的雏形。过去的战争硝烟弥漫，在战场上是以飞机、坦克为核心，以摧毁对方的肉体和设备来战胜对方。现代战争悄然无声，战场上是以计算机通信为核心，以摧毁对方的"神经中枢"系统而夺取战争胜利。在战场上看不见飞机、坦克，听不到枪炮声的瞬间，就可以消灭敌方的战斗力。现代战争是双方在通信技术和计算机技术等高技术方面发展水平的较量。

（七）改变人类传统的生活方式

通信技术的发展正在改变人类传统的生活方式。

现代信息社会，人们时刻进行着频繁的信息交流。信息交流已成为人们日常生活中的必需品。随着信息网络的发展，上网又成为人们获取和交流信息的一种重要方式，收发电子邮件、浏览网页、下载文件、网上购物……已成为人们生活的一部分；家庭办公、电子货币已成为当今时尚；远程教育、远程医疗也蓬勃兴起……这一切正在改变人类的生活方式，使人们的生活更加丰富多彩。

（八）促进便捷灵活的工作生产平台的开发和使用

现代通信技术的发展促进了政府机关、企事业单位对于快速高效、便捷灵活的工作生产平台的开发和使用。

总之，在信息社会中，人类的行为、观念，以及生活、学习、工作都将发生深刻的变革。通信作为信息社会的生命线将成为现代社会的"神经系统"。日新月异的通信技术和各种各样的通信手段、通信终端与我们每个人息息相关。因此，了解通信技术的形成与发展，熟悉通信方式的简单原理和主要应用场合，认识现代通信工具的特点与功能，将会对提高人们的学习、工作和生活质量产生极为积极的作用，也是人们步入信息时代，适应人类进步和社会发展的必要准备。

第二章

世界通用的通信技术

第一节　我国的通信事业及其发展历程

考察我国的通信发展历程，是从无到有，从简到新，从单一到类型齐全，从人工到自动，直至立于世界通信之林的过程。由于我国地域辽阔，农村占比很大，城市与乡村，东部与中西部，平原与山区都有差别，所以通信事业也经历了几次大的变革。

（一）农村从无到实线通信阶段

大约在 20 世纪 50 年代到 60 年代。所谓实线通信，即采用一般的铁丝作为传输载体，以手摇磁石电话机作为终端收发设备，以人工总机作为转接设备的最原始的通信系统。

（二）从实线通信到载波通信阶段

由于实线通信有传输距离短、外界干扰大、通信线路少等难以克服的弊端，所以大约从 20 世纪 60 年代开始，逐渐从实线通信进入到载波通信阶段。即一般仍然采用实线，同时利用单路载波，使通话线路增加 1 倍；采用三路载波，使通话线路增加 3 倍；发展到远距离采用 12 路载波，使通话线路大幅度增加。自 20 世纪 60 年代后，又有 24 路载波和高次群载波出现，建成了我国大城市之间的大通路载波系统。同时，架空电缆、大通路电缆的出现，加上载波通信技术，同时县城至省城、大城市之间的微波通信逐步建设，使我国的通信事业有了比较大的改观。

（三）从电线到通信电缆

电缆通信，即利用电缆作为传输媒质的有线通信，通常采用复用技术实现电话、电报、图像、数据等多路通信方式。通信电缆又分为对称电缆和同轴电缆，对称电缆和同轴电缆两者之间有什么区别？

（1）对称电缆　由两根对称排列的导线组成通信回路，分高频和低频两种。前者最高传输频率可达 800kHz，相当于在一个回路中可开通 180 路电话；后者最高传输频率一般小于252kHz，相当于一个回路中可开通60路电话。对称通信电缆的电磁场呈开放状态，在高频下回路的衰减和损耗较大，回路间相互干扰和外界干扰都较大，难以提高传输频率和容量。长途对称通信电缆由不同数量和不同绝缘结构的四线组构成。四线组的常用形式为星绞组，也有的采用复对绞形式。绝缘有纸带绝缘、纸－绳（纸带和纸绳）绝缘、聚乙烯绳－带绝缘、聚苯乙烯绳－带绝缘和泡沫聚乙烯绝缘等多种。高频长途对称通信电缆传输频率高，所以对电缆的结构性能要求较高，常采用绳－带绝缘的星绞四线组结构。绝缘材料常用聚苯乙烯或聚乙烯。纸带纸绳绝缘一般用于252kHz以下的低频对称通信电缆，通常用于在城市市话还没有光纤入户的情况下，从区域配话箱至用户终端的"最后一公里"。

（2）同轴电缆　由两根相互绝缘的同轴心的内外导体组成通信回路（同轴对），再由一个或多个同轴电缆对绞合而成。将在同一轴线上的内、外两根导体组成回路，外导体包围着内导体，同时两者绝缘。同轴电缆多用作长途通信干线，开通多路载波通信或传输电视节目，也可用作高效率的数据信息传输。

同轴对中两个导体完全同心，在外导体以外不存在电磁场。因此，传输信号的衰减以及各同轴对之间的相互干扰小，抗外界干扰的性能也高于对称电缆。它的传输频率可达10～100MHz以上。同轴通信电缆的型号根据同轴对的尺寸划分，有微同轴电缆［内导体直径 d 和外导体直径 D 之比（d/D）为 0.6mm/2mm、0.9mm/3.2mm 等］，小同轴电缆（d/D = 1.2mm/4.4mm 等），中同轴电缆（d/D = 2.6mm/9.5mm 等），大同轴电缆（d/D = 5mm/18mm、11mm/41mm等）。

同轴通信电缆中同轴对的内导体为铜质，断面为圆柱形实心导线。为提高机械强度（例如用作海底电缆时），也有采用钢心铜外层的双金属内导体。外导体一般用铜带制成，常用形式有皱边式、压痕式、锁齿式等。外导体需柔顺性好，稳定性高，加工工艺简单。同轴对内外导体的绝缘应具有较低的介电系数和较低的介质损耗，还应有一定的机械强度以支撑外导体，使其与内导体保持同心。

（四）光导纤维通信的兴起

从20世纪70年代开始，国民经济的发展对通信技术提出了更高的要求，自1966年高锟发明光纤通信技术后，国际上经过了18年的研究与探索，我国终于在1982年建成了光纤通信实用系统，并在武汉开通使用。标志着我国通信从电通信时代发展到光通信时代，即一个新的通信时代的到来。

在无线通信领域，从2G到5G，直到无线通信网络系统，及其多种短距离、小容量通信手段的开发，使无线通信技术从传统的微波通信成为一株枝叶繁茂、硕果累累的通信之树。同时，因数字通信理论和实用技术的日新月异，自20世纪90年代开始人类已经从模拟通信阶段发展到数字通信阶段。

第二节　有线通信的载波通信技术

一、载波通信技术

（一）载波通信技术概述

载波通信（carrier communication）是基于频分复用技术的电话多路通信体制，属于经典模拟通信的制式。在工程上，一路电话的电信号频谱被限制在 300～3400Hz 的范围，考虑到保护性的频率间隔，一路电话所占的频带宽度为 4kHz。因此，根据实用信道的不同频带宽度，可以在一个信道的频带宽度内复用不同路数的电话信号。例如，典型的架空明线信道可以复用 12 路电话信号，典型的对称电缆信道可以复用 60 路电话信号，中同轴电缆信道则可以复用数千路电话信号等。从总体上说，通信技术正在走向数字化，数字光纤通信、数字卫星通信和数字微波通信系统占有越来越大的比重，模拟的载波通信系统日益收缩。但在一定时期内，载波通信在支线和农村地区仍然会继续发挥作用。

（二）载波通信分类

载波通信根据传输媒介不同可分为明线载波通信、对称电缆载波通信、小同轴电缆载波通信、中同轴电缆载波通信、海底电缆载波通信及电力线载波通信等。

1）明线载波通信：有单路（即在"明线"上增加 1 路载波）、3 路、12 路载波机。

2）对称电缆载波通信：有 3 路、12 路、60 路、120 路和 480 路载波机。

3）小同轴电缆载波通信：有 300 路、960 路、2700 路和 3600 路载波机。

4）中同轴电缆载波通信：主要有 1800 路、3600 路和 10800 路载波机等。

多路载波通信结构图如图 2-1 所示。

（三）载波通信的组成

载波通信系统由载波终端机、载波增音机和载波传输线路三个主要部分组成。

（1）载波终端机　包括发送部分和接收部分。发送部分每一调制级都有调制器、滤波器、放大器和载频源。它把各路音频信号调制到预定频带位置上，取出有用边带并放大到规定电平。接收部分的工作是发送的逆过程。终端机的输入端还有二－四线设备和信号设备，用来连接二线制用户线与四线制收发支路，并对信号（如响铃信号）进行转换。

（2）载波增音机　载波系统在进行长距离传输时，需要在线路上分段增音，以补偿线路衰耗并均衡其衰耗－频率特性。增音机包括线路放大器和均衡器，通

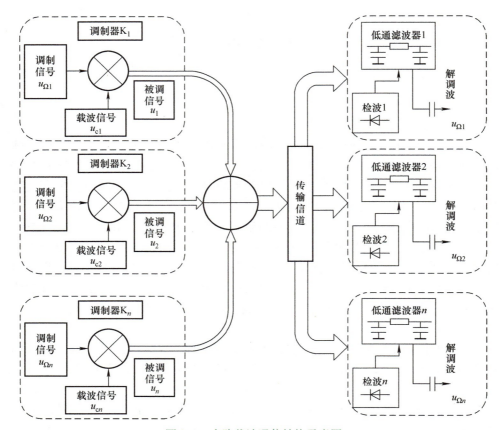

图 2-1　多路载波通信结构示意图

常还有自动电平调节设备，调节增益以补偿和均衡线路衰耗的变化。

（3）载波的传输线路　利用明线、对称电缆和同轴电缆等传输信号。

二、电力线载波通信

（一）电力线载波通信概述

电力线载波通信（Power Line Carrier，PLC）是电力系统特有的通信方式，电力载波通信是指利用现有电力线，通过载波方式将模拟或数字信号进行高速传输的技术。其最大特点是不需要重新架设网络，只要有电线就能进行数据传递。电力线载波通信系统结构示意图如图 2-2 所示。

（二）电力线载波通信的优点

PLC 的优点如下：

1）不需要重新架设网络，只要有电线就能进行数据传递，无疑成为了解决智能家居数据传输的最佳方案之一。同时因为数据仅在家庭范围中传输，远程对

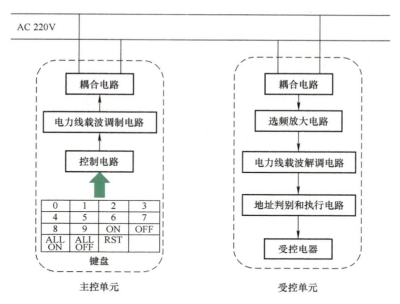

图 2-2　电力线载波通信系统结构示意图

家电的控制也能通过传统网络先连接到个人计算机，然后再控制家电，PLC调制解调模块的成本也远低于无线模块。

2）相对于其他无线通信技术传输速度较快。

（三）电力线载波通信的缺点

电力线载波通信因为有以下不足之处，导致其主要应用，即电力上网未能大规模应用。

1）配电变压器对电力载波信号有阻隔作用，所以电力载波信号只能在一个配电变压器区域范围内传送。

2）三相电力线间有很大的信号损失（10～30dB）。通信距离很近时，不同相间可能会收到信号。一般电力载波信号只能在单相电力线上传输。

3）不同信号耦合方式对电力载波信号损失不同，耦合方式有线–地耦合和线–中线耦合。线–地耦合方式与线–中线耦合方式相比，电力载波信号少损失十几dB，但线–地耦合方式不是所有地区电力系统都适用。

4）电力线存在本身固有的脉冲干扰。使用的交流电有50Hz和60Hz，其周期为20ms和16.7ms，在每一个交流周期中会出现两次峰值，两次峰值会带来两次脉冲干扰，即电力线上有固定的100Hz或120Hz脉冲干扰，干扰时间约为2ms，因此干扰必须加以处理。有一种利用波形过零点在短时间内进行数据传输的方法，但由于过零点时间短，实际应用与交流波形的同步不好控制，而现代通信数据帧又比较长，所以难以应用。

5）电力线对载波信号造成高削减。当电力线上负荷很大时，线路阻抗可达1Ω以上，造成对载波信号的高削减。实际应用中，当电力线空载时，点对点载波信号可传输到几千米。但当电力线上负荷很大时，只能传输几十米。

（四）电力线载波通信的发展机遇

虽然技术问题随着时间的发展，最终都能被解决，但是从国内宽带网建设的情况来看，留给 PLC 的时间和空间并不宽裕。2000 年以来各大运营商大规模推出 ADSL、光纤、无线网络等多种宽带接入业务，留给电力线上网的生存空间已经不断被其他接入方式压缩。PLC 除了在远程抄表上有所应用外，已没有了当初的雄心壮志。

电力猫是电力载波技术的最新应用和发展，所谓电力猫，即电力线通信调制解调器，是一种把网络信号调制到电线上，利用现有的电线来解决网络布线问题的设备。作为科技催生的第三代网络传输设备，电力猫正在以其独特优势风靡全球。其工作原理就是利用电线传送高频信号，把载有信息的高频信号加载于电流上，然后利用电力传输。接收信息的电力猫再把高频信号从电流中分解出来，从而在不需要重新布线的基础上实现上网、打电话、观看 IPTV 和使用监控设备等多种应用。

随着家庭智能系统这个话题的兴起，也给 PLC 技术的发展带来了一个新的舞台。在家庭智能系统中，以个人计算机为核心的家庭智能系统非常受欢迎的。该系统的观念就是，随着个人计算机的普及，可以将所有家用电器需要处理的数据都交给个人计算机来完成。这样就需要在家电与个人计算机之间构建一个数据传送网络，大家都看好无线网，但是在家庭这个环境中，"墙多"这一特征严重影响着无线传输的质量，特别是在别墅和跃层式住宅中这一缺陷更加明显。如果架设专用有线网络除了增加成本以外，在以后的日常生活中要更改家电的位置也显得十分困难和繁琐，这就给无需重新架线的电力载波通信带来了机遇。

（五）电力线载波通信的应用领域

电力线载波通信的应用领域包括远程抄表系统、路灯远程监控系统，以及工业智能化（比如各类设备的数据采集）。在技术上，电力线载波通信不再是点对点通信的范畴，而是突出开放式网络结构的概念，使得每个控制节点（受控设备）组成一个网络进行集中控制，在电力载波应用上具有网络协议及网络概念的企业不多，国外的有 Echelon 公司的 Lonworks 网络，国内的有 KaiStar（凯星电子）电力载波远程智能控制系统，Risecomm（瑞斯康）公司的瑞斯康智能控制网络。它们的网络协议都是根据国际标准协议 EIA709.1、EIA709.2 编写的。

下面列举四个应用领域的例子：

1. 案例一——智能家居控制（Smart Home Control，SHC）网

智能家居控制网可用电力线载波技术来实现，其原理是将电力载波技术集成

后嵌入各电器中去，并利用家庭现有的电力线作为载波通信媒介，实现智能设备之间的通信与控制。智能家居控制网中智能电器的互联互动将为家居带来高品质的生活体验和生活享受。其主要功能有随时查询所有电器状态；任一开关集中控制家中所有智能电器设备；组开/组关指定电器，如场景灯等；随时掌握家庭安防情况，如防盗、火警、探测燃气泄漏等；通过互联网或电话对家中电器进行远程控制。

2. 案例二——远程抄表（Remote Meter Reading，RMR）系统

远程自动抄表（Automated Meter Reading，AMR）系统是智能控制网的重要应用之一。它可以使电力供应商在提高服务质量的同时降低管理成本，并让用户有机会充分利用各种用电计划（如分时电价）来节省开支和享受多种便利，已在电力供应系统和小区电力收费系统中得到广泛应用。

其系统功能特点为远程自动抄表；远程控制电表拉/合闸；实时查询用户用电量；电表用量组抄或个别选择抄读；可与收费系统联为一体；根据电网负荷的峰谷时段分段计电价，分时段抄表及计费；控制非法窃电行为；减少人力成本及管理成本；自动保存抄读的历史数据，便于统计电表数据，分析用电规律，便于估计线损和由电表计量误差引起的自损；便于配电系统评估、供电服务质量检测和负荷管理。

3. 案例三——远程路灯监控（Remote Street Light Monitoring，RSLM）系统

远程路灯监控系统利用电力载波技术，通过已有电力线将路灯照明系统连接成智能照明系统。此系统能在保证道路安全的同时节省电能，并能延长灯具使用寿命并降低运行维护成本。该系统功能特点在于全天候24h自动监控，监控范围可达数千米；加入自动路由功能后，监控范围成倍增加。

检测单灯工作状态包括工作电压、工作电流、工作状况（开关）、工作温度等，还包括单灯故障状态自动上报；单灯或照明系统节能控制、各类故障或异常情况报警，多种报警方式供用户选择，远程报警信息送至控制中心或值勤人员手机，并可与110等紧急呼救系统联网工作。

4. 案例四——电梯实现远程呼梯

电力载波系统可实现户内智能呼梯、访客智能派梯功能。

户内智能呼梯，即业主出门时，按家中的智能呼梯按钮，电梯自动向业主所住楼层停靠，业主出门乘梯，从而有效减少业主候梯时间。

访客智能派梯，即访客来访时，业主应答并为访客开放单元门后，按智能派梯按钮，电梯自动向一层停靠，同时业主所住楼层按键解锁，访客进入电梯后，可直接按键，前往业主所住楼层（其他楼层无权限）。

该系统采用电力线载波通信方式，利用了大楼内的原有电源线，无需重新布线，且安装使用简单，只需将智能模块插在电源插座上即可，业主可根据自身需求方便选配，无需整体投资，从而降低大楼的整体投资成本。

15

（六）电力线载波在我国发展的现状

如今，虽然以数字微波通信、卫星通信为主干线的覆盖全国的电力通信网络已初步形成、多种通信手段竞相发展，但电力线载波通信仍然是地区网、省网乃至网局网的主要通信手段之一，且是电力系统应用区域最广泛的通信方式，以及电力通信网重要的基本通信手段。从理论研究到运行实践都取得了可喜的成效。

1）电力线载波无论是在所具有的规模范围、装机数量还是在从事人员数量上，都是空前的。在应用上，上至 500kV 线路，下至 35kV 乃至 10kV 线路，都开通了电力线载波机。到"八五"初期，全国 110kV 及以上电力线载波话路已达 26 万千米，1989 年达到 65 万千米。电力线载波名副其实地成为电力系统应用最为广泛的通信手段。电力线载波通信系统一种主控端接口电路和一种受控端接口电路分别如图 2-3 和图 2-4 所示。

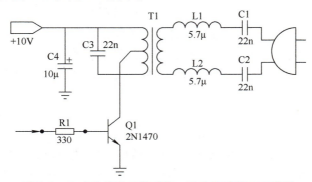

图 2-3　电力线载波通信系统一种主控端接口电路图

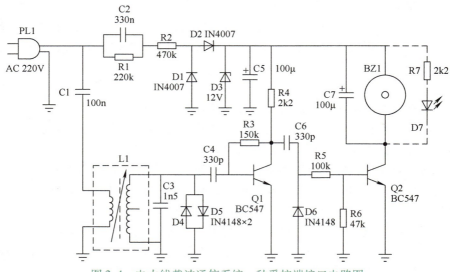

图 2-4　电力线载波通信系统一种受控端接口电路图

2）电力线载波通信综合业务能力有了很大的发展，由过去单独的调度电话业务发展到开放电话、远动、传真、保护、计算机信息等综合业务。如葛－沪±500kV直流输电系统中，两个换流站的运行数据的控制信息通过长达1053km的载波电路传送，实现了两站间的相互自动控制。

3）载波技术装备水平有了很大提高，从20世纪五六十年代双边带电子管ZDD－I/2、ZS－3等发展到今天的ESB500、ZDD－27/36等全集成化单边带载波机，并推出了数字式载波机。在一些重大工程中还陆续引进了一些具有国际先进水平的载波设备，解决了实际应用中国产机暂时无法解决的问题，也为国产机的改进和提高提供了宝贵的经验。

4）理论研究成果卓著。如在频谱管理上采用了图论、地图色理论和计算机技术，提出了分段设计、频谱分组、电网分段或分区、频率重复使用等，并开发了软件包，可实现用计算机进行设备管理、频率管理、新通道设计和旧通道改造、插空安排设备等功能。为适应现代通信技术的发展，数字式电力线载波机的开发研制也取得了实质性的进展。此外，传输理论、组网技术等方面的研究也不断有新的进展。

（七）电力线载波通信存在的主要问题

进入20世纪八九十年代以来，我国电力事业和电力系统以前所未有的速度迅猛发展。大电站、大机组、超高压输电线路不断增加，电网规模越来越大。电网的发展必然对电网管理和技术提出更高的要求，这就要求电力系统通信更加完善和先进。电力线载波由于其固有的缺点，即通道干扰大、信息量小，再加上设备水平、管理维护等方面造成的稳定性差、故障率高等，已显得无法适应现代电网对通信多方面、多功能的要求；而与此同时，信息时代的到来，促进了全世界范围内电信科技的全面、多维发展，各种新兴的通信技术不断出现，通信设备性能越来越先进，价格越来越低廉。于是，数字微波、卫星通信、光纤通信、移动通信、对流层散射通信、特高频通信、扩展频谱通信、数字程控交换机及以数据网等新兴通信技术逐渐在电力系统中得以推广应用。

可以看到，电力线载波已成为电力系统应用最为广泛的通信手段，当然，其缺点和不足从中也得以充分体现，加之与其他新兴通信手段共存，更显示出其局限性。对电力线载波评价不高似乎已是比较普遍的现象。然而，仔细分析后可以发现，其原因也是多方面的：既有技术上的，也有管理上的；既有设备制造、工程设计施工上的，也有运行维护上的；既有客观上的，也有主观上的。

1. 载波频率分配使用中的问题

我国电力线载波频率使用范围为40～500kHz，载波频带带宽为4kHz，所以在整个载波频率范围内只能不重复安排57套载波机，而要使用的载波机远大于这个数量。实际上，即使在这个频段内的频率，要完全利用也非常困难。在低频段，存在着阻波器制作上的困难；而高频段易受广播信号的干扰，并且还要考虑线路对信号衰减的不均匀性等因素。在对这有限的频率使用上，有些地方做得并不好，造成了一方面频谱紧张，一方面又浪费频率资源的局面。

1）在频率的安排上，有些地区安排频率带有很大的随意性，存在见缝插针的问题，没有长远的计划，以至于干扰严重、不断改频；有些则只注意本地区频率规划，结果既影响了别人，又影响了自己。甚至有一些频率主管部门对频率的管理不够重视，在分配频率时缺乏严肃认真的科学态度和科学的方法。

2）没有全局观念、统筹意识，往往就事论事，就频率考虑频率。比较普遍的情况是高频保护占据单独一相（A 相）；如果改为与载波复用就可节省下保护占用的频带。再有，通信网络结构一般是点对点结构，通道占用多、利用率低，如改组成调度程控交换网，则既可节省通道，又能达到灵活、可靠的效果。

2. 电力线载波机的问题

不可否认，国产载波机无论是在技术性能、工艺结构还是在电路上，同国际上一些先进设备相比仍存在很大的差距，从频谱的利用率、自动增益控制（Automatic Gain Control，AGC）、范围和灵敏度、载供系统的精度、滤波器的性能，到载波机整个通道频率特性以及工作环境温度范围，都难以达到国外载波机的水平。

实际上，在比先进技术更重要的设备的可靠性和稳定性方面。国外载波机平均无故障时间（Mean Time Between Failures，MTBF）可达几十年，国产载波机无法与之相提并论，即使是引进技术的国产化载波机，如 ESB500 恐怕也不能保证达到甚至接近国外载波机的水平。

3. 配套工程存在的问题

配套工程存在的问题主要有电源的可靠性不高和容量小、防雷技术措施不完善、仪器仪表配置不完备和落后等问题。无疑，这些问题的存在也在相当大的程度上影响了通信的可靠性，比如有些地区由于电源引起的故障占总故障的三分之二。雷雨季节由于雷击而致使通信中断的事件也时有发生。至于仪器仪表配置不完备和落后，更是直接影响了设备正常维护测试的效果和速度。

4. 管理运行上的问题

管理运行上的问题是比其他问题更突出的问题。多年来，我们的工作中一直不同程度地存在着重主机轻辅机、轻配套，重设备轻人员、轻管理、轻完善等现象，很多必需的工作都开展不力甚至根本没有开展，造成新设备运行一段时间甚至刚开始运行就出现问题。尤其是旧通信系统、旧通道存在的问题，涉及许多专业问题，长期得不到解决。其原因总结起来既有管理体制等方面的问题和领导重视不够，对通信的重要性认识不足的问题；也有基础工作不健全和电力通信队伍的技术需要不断培训、提高素质、提高人员稳定性的问题。需要具体问题具体分析，并予以对症下药。

第三节　微波接力通信和卫星微波通信

一、微波接力通信

（一）微波接力通信概述

1. 定义

微波接力通信（microwave relay communication）是指利用 300MHz 以上频段的电磁波分米波段和厘米波（波长在 1mm ~ 1m 之间），在对流层的视距范围内的传播，进行无线电通信的一种方式。两站之间的通信距离仅为 50km 左右。利用这种通信方式进行长距离通信，必须建立一系列将接收到的信号加以变频和放大的中继站，接力式地传输到终端站。

实际上微波通信也是载波通信的一种，只是其载波的频率在高频的微波频段，可采用视距的无线通信而已。用于空间传输的电波也是一种电磁波，其传播的速度等于光速。无线电波可以按照频率或波长来分类和命名，通常把频率高于 300MHz 的电磁波称为微波。

2. 无线通信电波的划分

无线通信按照电波传输距地面高度分为地球表面波传播、电离层天波传播和外层空间传播。一般的微波接力通信被认为是地球表面波传播；对于中波和短波（如广播信号）的传输则为电离层天波传播；而卫星微波通信则为外层空间传播，如图 2-5 所示。

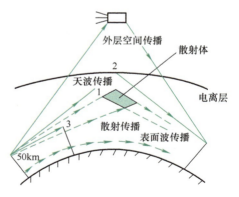

图 2-5　无线通信的划分示意图

1）无线电波的频段分类。无线电波按照频率从极低频到极高频共分为 11 个频段，见表 2-1。其中，从特高频至极高频为微波通信所使用的频率范围。由于各波段的传播特性各异，因此可以用于不同的通信系统。中波主要沿地面传播，绕射能力强，适用于广播和海上通信；短波具有较强的电离层反射能力，适用于环球通信；超短波和微波的绕射能力较差，可作为视距或超视距中继通信。

表 2-1　无线电波的频段分类表

频段名称	频段符号	频率范围/Hz	波长名称	波长范围
极低频	ELF	3～30	极长波	10000～100000km
超低频	SLF	30～300	超长波	1000～10000km
特低频	ULF	300～3000（3k）	特长波	100～1000km
甚低频	VLF	3～30k	甚长波	10～100km
低频	LF	30～300k	长波	1～10km
中频	MF	300～3000k（3M）	中波	100m～1km
高频	HF	3～30M	短波	10～100m
甚高频	VHF	30～300M	米波	1～10m
特高频	UHF	300～3000M（3G）	分米波	100mm～1m
超高频	SHF	3～30G	厘米波	10～100mm
极高频	EHF	30～300G	毫米波	1～10mm
至高频		300～3000G（3T）	亚毫米波	0.1～1mm

注：表中，从特高频至极高频总称为微波频段。

2）在微波频段又按照频率范围分为 17 个波段，需按照设计要求及国家标准 GB/T 14618—2012 视距微波接力通信系统与空间无线电通信系统共同频率的技术要求及工业和信息产业部发布的通信行业标准 YD/T 5088—2015 数字微波接力通信系统工程设计规范中的分配波段选取执行。表 2-2 为微波通信波段划分表。

表 2-2　微波通信波段划分表

波段符号	频率范围/GHz	波段符号	频率范围/GHz
UHF	0.3～1.12	Ka	26.5～40
L	1.12～1.7	Q	33～50
LS	1.7～2.6	U	40～60
S	2.6～3.95	M	50～75
C	3.95～5.85	E	60～90
XC	5.85～8.2	F	90～140
X	8.2～12.4	G	140～220
Ku	12.4～1.12	R	220～325
k	0.3～18		

（二）微波接力通信的基本原理和基本构成

微波接力通信有地－地微波接力通信、地－天卫星微波接力通信和天－天卫星微波接力通信。而微波接力通信是指地－地微波接力通信，对于地－天卫星微波接力通信和天－天卫星微波接力通信将在下一部分进行介绍。

（1）视距传播　微波同光波一样，是直线传播的，要求两个通信地点（两个微波站）之间没有阻挡，信号才能传到对方，即所谓的视距传播。在使用微波的频段方面，各国的微波设备往往首先使用 4GHz 频段。目前各国的通信设备已使用到 2GHz、4GHz、5GHz、6GHz、7GHz、8GHz、11GHz、15GHz、20GHz 等各频段。我国的数字微波通信已有 2GHz、4GHz、6GHz、7GHz、8GHz、11GHz 各频段的设备。频率低，其电波传播较稳定，但其设备及元器件的尺寸也较大，当天线口径一定时，微波频率越低，天线增益也越低。对微波频率的选取要遵照 CCIR 的建议和各国无线电管理委员会的规定，经申请后得到批准才能进行设计、建立和使用。

（2）微波接力通信的性能　就微波接力通信的性能而论，数字微波接力通信的特点可概括为微波、多路、接力三个特点。

1）微波：指通信频率是微波频段，其包括分米波、厘米波和毫米波。微波频段宽度是长波、中波、短波及特高频几个频段总和的 1000 倍。微波因为频率很高，不会受到天空其他电波干扰和工业产生的电磁波干扰。太阳黑子的变化对微波也无影响。所以微波接力通信的可靠性较高。还因微波频率高，所以其天线尺寸较小，往往做成面式天线或锅形天线，其天线增益较高、方向性很强，微波通信用抛物线天线实物图如图 2-6 所示。

图 2-6　微波通信用抛物线天线实物图

2）多路：指微波接力通信不但总的频段宽，传输容量大，而且其通信设备的通频带也可以做得很宽。例如，一个 4000MHz 的设备，其通频带按 1% 估算，可达 40MHz。模拟微波的 960 路电话总频谱约为 4MHz 带宽。可见，一套微波收/发信设备可传输的话路数是相当多的。因数字信号占用带宽较宽，所以数字微波通信设备在选择适当的调制方式后，可传输的话路容量仍然是相当多的。

3）接力：因微波频段的电磁波在视距范围内，且只能沿直线传播，故通信距离一般为 40~50km。考虑到地球表面的弯曲，在进行长距离通信时，就必须采用接力的传播方式，发送端信号经若干中间站多次转发，才能到达接收端。图 2-7 所示为微波接力通信示意图。

（3）微波接力通信系统的基本构成　如图 2-8 所示，一条微波接力通信干线包括终端站和若干个中继站。终端站的设备有天线、发射机、接收机和载波终端设备，中继站一般只有天线、发射机和接收机。

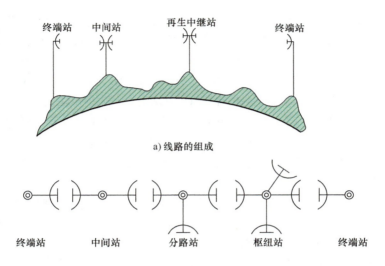

a) 线路的组成

b) 系统结构示意图

图 2-7　微波接力通信示意图

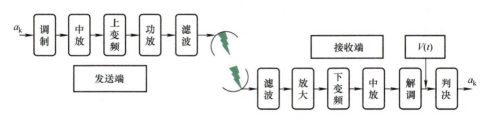

图 2-8　微波接力通信系统结构原理框图

1）天线：微波接力通信都采用定向天线，增益约为 40dB。用得最多的有喇叭抛物面天线和卡塞格林双反射面天线。

2）馈线：天线与发射机或接收机相连接，采用高频同轴电缆或波导管。在一个微波站内，同一传输方向的收发，可以单独装设发射天线和接收天线，也可以共用一副天线。微波传输一般采用线极化（水平极化、垂直极化）波，因而相邻波道或收发之间可采用不同的极化波传输。只要有收发频率和极化的合理配置，良好的天线和馈线系统极化去耦防卫度，就可以保证波道间和收发信系统间不因干扰而影响通信质量。

3）多路复用设备：有模拟复用设备和数字复用设备之分。模拟微波系统每个收发信机可以工作于 60 路、960 路、1800 路或 2700 路通信，可用于不同容量等级的微波电路。数字微波系统应用数字复用设备以 30 路电话按时分复用原理组成一次群，进而可组成二次群 120 路、三次群 480 路、四次群 1920 路，并经过数字调制器调制于发射机上。

4）发信本地振荡源：发信本地振荡源一般采用晶振倍频方式或直接微波空腔振荡方式，产生高稳定度单一微波。发信混频器则将调制器输出的调制信号与发信本振频率进行混频，使调制信号由中频搬移到所需的微波频段，再经功率放大器放大到发射机额定的输出功率。

5）微波发射机：发射机由调制器、发信本地振荡源、发信混频器和微波功率放大器等主要部件组成。调制器在模拟微波通信系统中多为调频制，即用载波电话机输出的模拟群频信号控制器中副载频的频率，以形成调频信号；在数字微波通信系统中则用调相制或正交调幅制，即用脉码调制复用设备输出，由数字化语音信号组成的高次群数字信号控制调制器中副载频的相位，以形成调相或正交调幅信号。

6）接收机：接收机由本地振荡源、收信混频器、中频放大器和解调器组成。收信本地振荡源的工作原理和采用的技术同发信本地振荡源类似。收信混频器将接收到的微波信号和收信本地振荡信号差相转为中频，再经中频放大器放大，然后送至解调器。解调器的功能和发射机的调制器作用相反，即把调制信号还原为原来的模拟群频信号或数字脉码调制高次群信号，然后再经这些基带信号的相应复用设备还原为语音信号。

（4）电视节目的传送　电视节目的传送在模拟微波通信系统中，可以直接将视频信号送入调制器进行调制；在数字微波通信系统中，则首先要经过模/数转换，将视频信号数码化，然后再送入调制器。其他非电话业务（如传真、电报、数据等）都在话路中传输，分别经相应的调制/解调器或复用设备并入话路。

（5）中继方式　微波接力通信系统的中继方式有两类。

第一类是将中继站收到的前一站信号经解调后，再进行调制，然后放大，转发至下一站。

第二类是将中继站收到的前一站信号，不经解调、调制，直接进行变频，变换为另一微波频段，再经放大发射至下一站。

（三）微波接力通信系统的特点

1. 基本特性

其一，微波接力通信的通信容量大；其二，建设费用低；其三，不受地形限制，"有山则山顶，无山则铁塔"（见图2-9）；其四，抗灾害性强；其五，能满足各种电信业务（电

图 2-9　微波接力通信天线用铁塔实物图

话、广播、传真、电视、电报）的信息传输质量要求，是通信网的重要组成部分。

但微波经空中传送，也受条件的制约。其一，易受干扰；其二，在同一微波电路上不能使用相同频率于同一方向传输，因此微波电路必须在无线电管理部门的严格管控之下进行设计、建设和使用；其三，由于微波直线传播的特性，在电波波束方向上，不能有高山、高地，甚至高楼阻挡，因此，一个区域的微波天线均设置在该区域的最高点，早期城市高层楼房比较少，微波站一般都建筑在区域的最高山顶上。随着城市高楼的建设，现在也有将微波天线设置在高层楼房的屋顶上的，但大多数微波天线逐步架设在铁塔之上。城市规划部门要考虑城市空间微波通道的规划，使之不受高楼的阻隔而影响通信。

2. 微波的特性

1）穿透性：对于玻璃、塑料和瓷器，微波几乎是穿越而不被吸收。对于水和食物等，微波就会被吸收，而使水和食物等自身发热。对于金属类和楼房之类的大型建筑，微波则难以通过，会产生反射波。

2）选择性的热损耗：物质吸收微波的能力主要由其介质损耗因数来决定。介质损耗因数大的物质，对微波的吸收能力就强，相反，介质损耗因数小的物质，吸收微波的能力也弱。所以微波在传输中如果遇到介质损耗因数大的物质，则损耗较大，如大雪暴雨天气、浓雾天气会对微波传输影响很大。

3）我国微波通信应用频段：我国微波通信广泛应用 L、S、C、X 等相对频率较低的频段，K 频段的应用尚在开发之中。由于微波的频率极高，波长又很短，其在空气中的传播特性与光波相近，即为直线传输，遇到阻挡就被反射或被阻断。因此微波通信的主要方式是视距通信，超过视距则需要中继转发。一般来说，由于地球曲面的影响以及空间传输的损耗，每隔 50km 左右，就需要设置中继站，将电波放大转发而延伸传输距离，这种通信方式也称为微波中继通信或称微波接力通信。特别是采用基于时分复用技术的多路数字微波通信，用于长距离微波通信干线，可以经过几十次的中继而传至数千千米，仍可保持很高的通信质量。

（四）微波接力通信系统的应用

世界上发达国家的微波中继通信在长途通信网中所占的比例高达 50% 以上，特别是地广人稀的国家应用比例更高。据统计，美国为 66%，日本为 50%，法国为 54%。

我国自 1956 年从德国引进第一套微波通信设备，经过自发研制，已经取得了很大的进步，在 1976 年的唐山大地震中，在京津之间的同轴电缆全部断裂的情况下，六个微波通道全部安然无恙。20 世纪 90 年代的长江中下游的特大洪灾中，微波通信又一次显示了它的巨大威力。在当今世界通信手段日新月异的情况下，微波通信仍是最有发展前景的通信手段之一。

我国成功开发了点对多点微波通信系统，其中心站采用全向天线向四周发射，在周围 50km 以内，可以有多个点放置中继站或终端用户站。从终端用户站可再分出多路信号分别接至各用户使用。其总体容量有 100 线、500 线和 1000线等不同容量的设备，每个用户站可以分配十几个或数十个信息终端用户。在必要时，还可通过中继站延伸至数百公里外的终端用户使用。这种点对多点微波通信系统，对于城市郊区、县城至农村乡镇或沿海岛屿的用户，以及分散的居民点十分适用，且较为经济。

微波通信还有对流层散射通信、流星余迹通信等，是利用高层大气的不均匀性或流星的余迹对电波的散射作用，而达到超过视距的通信，对于这些系统，我国也在探索研究或在实验段进行实验中，目前除在实验段进行实验测试外，作为正式线路的实际应用还较少。

（五）微波接力通信系统的维护

1）防雷措施：由于中波发射天线相对较高，并明显超出周边建筑物，因此若缺少有效的维护措施，则发射天线极易遭受雷击。通常情况是铁塔下方区域的绝缘子属于雷击的首要目标，会使其发生过电压拉弧等一系列破坏性损害，最终导致绝缘子破损。由此得出，雷电在馈线、匹配网络中造成的不利影响较大，需要工作人员加强防雷维护，以保证该系统的安全运行。

2）地网维护：因为地网直接关系到信息的传输质量和安全性，所以为了认真做好相关维护工作，应对安装工程进行全面记录，并及时掌握地网的实际敷设深度、方向，利用记录对其进行精准查询，从而为维护、保养工作的开展奠定基础。所以，可以将地网延长线作为标志，即在其 5m 处，同时在每 10m 左右添加相应警示标识，保证标识清晰，并加大管护工作力度，防止地网敷设范围内发生取土情况，避免地网的自然破坏和人为损坏。

3）馈线与调配网路维护：对馈线情况应定期检查，同时对架设电杆的下垂度进行定期测试，对馈线下方区域 0.8m 以上的农作物、杂草等及时清理，对调配室应有清理规章制度，并认真做好防鼠、防虫等一系列措施。

4）天线铁塔与拉线维护：天线作为信息传输的重要设备，其直接关系到播放质量，只有认真做好相关保护工作，才能达到最佳传输效果。在日常维护工作中，应该对天线、铁塔、拉线等设施建立完备的维护日志，特别是在雷雨或大风等较为恶劣的天气后，应根据标准和制度全面地进行检测，确保信息传输顺利进行。

（六）微波接力通信系统的发展趋势

1. 微波通信与无线通信的发展关系

微波通信的发展与无线通信的发展是分不开的。1901 年马克尼使用 800kHz

中波信号进行了从英国到北美纽芬兰的世界上第一次横跨大西洋的无线电波的通信试验，开创了人类无线通信的新纪元。无线通信初期，人们使用长波及中波进行通信。20 世纪 20 年代初人们发现了短波通信，直到 20 世纪 60 年代卫星通信的兴起，它一直是国际远距离通信的主要手段，并且对于目前的应急通信和军事通信来说，仍然为重要的通信手段。

现在的世界通信中，微波通信仍是最有发展前景的通信手段之一，特别是微波通信不需要固体介质，当两点间直线距离内无障碍时，就可以使用微波传送的特点，在当今航空、航天通信中发挥出越来越大的作用。

2. 微波通信的发展历史

微波通信的实际应用是 20 世纪 50 年代的产物，那时就出现了使用 1GHz 以下频段的小容量微波接力通信系统。到 20 世纪后叶，发展出了传输频带较宽，性能较稳定的 2GHz 和 4GHz 频段，每波道可传输 300～960 个话路或一路电视加伴音的通信系统。

20 世纪 60～70 年代，由于长寿命行波管和微波集成电路等新器件的发明和应用，微波通信发展成为长距离、大容量地面干线无线传输的主要手段。在 4～6GHz 波段，每波道可以传输 2700 个话路或一路彩色电视加四路伴音的大容量微波通信系统。

20 世纪 70 年代以来，随着通信网的逐步数字化，数字微波接力通信系统也开始迅速发展，逐步进入中容量乃至大容量数字微波传输，并获得日益广泛的应用。

20 世纪 80 年代中期以来，随着频率选择性色散衰落，对数字微波传输中断影响的发现，以及一系列自适应衰落对抗技术与高状态调制与检测技术的发展，使数字微波传输产生了一个革命性的变化。特别应该指出的是 20 世纪 80～90 年代发展起来的一整套高速多状态的自适应编码调制/解调技术与信号处理及信号检测技术的迅速发展，对现今的卫星通信、移动通信、全数字 HDTV 传输、通用高速有线/无线的接入，乃至高质量的磁性记录等诸多领域的信号设计和信号处理与应用起到了重要的作用。

最新的微波通信设备，其数字系列标准与光纤通信的同步数字系列（SDH）完全一致，称为 SDH 微波。这种微波设备在一条电路上，八个束波可以同时传送三万多路数字电话电路（2.4Gbit/s）。

3. 我国微波通信的发展状况

我国自 1958 年开始研制 2GHz 频段的每波道 60 话路的微波接力通信设备。其后，又研制了 4GHz 频段的每波道 600 话路和 960 话路的微波接力通信设备。

20 世纪 70 年代初建成以北京为中心，连接 27 个省会城市的微波干线。大容量模拟微波接力通信已成为中国长途电信网的重要组成部分；中小容量的数字微波系统也在油田、矿山、电力干线上被广泛应用。

特别是我国航空航天事业高速发展的需求，大力促进了微波通信在卫星通信中的突破性进展。在酒泉卫星发射中心成功发射的东方红一号卫星，开创了中国航天史的新纪元，同时也开启了卫星微波通信的新纪元。此后，我国研发生产了各种特殊功能的卫星通信系统，主要包括资源卫星、气象卫星、通信卫星、导航卫星、海洋卫星等传递卫星信息的微波传输系统。

我国从 20 世纪 80 年代中期开始，利用国内外通信卫星发展卫星通信技术，以满足日益增长的通信、广播和教育事业的发展需求。特别是 20 世纪 70～80 年代兴起和发展的"广播电视大学"体系的建设，使微波电视教育得到大力发展，从一定程度上缓解了我国那段时期人才匮乏，而大学教育一时难以满足需求的状况。

在卫星固定通信业务方面，全国建有数十座大中型卫星通信地球站，联结世界 180 多个国家和地区的国际卫星通信话路达 2.7 万余条。我国已建成国内卫星公众通信网，国内卫星通信话路达 7 万多条，基本解决了边远地区的通信问题。

甚小口径终端（Very Small Aperture Terminal，VSAT）通信业务近几年发展较快，已有国内甚小口径终端通信业务经营单位 30 余个，服务小站用户 15000 余个，其中双向小站用户超过 6300 个；同时建立了金融、气象、交通、石油、水利、民航、电力、卫生和新闻等几十个部门的 80 多个专用微波通信网，甚小口径终端上万个。

在卫星电视广播业务方面，中国已建成覆盖全球的卫星电视广播系统和覆盖全国的卫星电视教育系统。从 1985 年开始利用卫星传送广播电视节目，已形成了占用 33 个通信卫星转发器的卫星传输覆盖网，负责传送中央、地方电视节目和教育电视节目日益增加，至 2021 年仅仅传输的高清电视中央、对外广播节目和地方广播节目就已达 163 套。卫星教育电视广播开播十多年来，有 3000 多万人接受了大、中专教育与培训。中国建成了卫星直播平台，通过数字压缩方式将中央和地方的卫星电视节目传送到无线广播电视覆盖不到的广大农村地区，使中国广播电视的覆盖率有了很大提高。我国现有卫星电视广播接收站约 18.9 万座。在卫星直播试验平台上，还建立了中国教育卫星宽带多媒体传输网络，面向全国开展远程教育和信息技术的综合服务。

4. 微波通信的发展趋势

微波通信的发展趋势主要在于以下几个方面：

1）高频段的开发和数字化。10～20GHz 频段的数字微波系统已投入使用。40GHz 频段也已用于城市内电视中继传输系统。调制方式有脉码调制 - 调频（PCM - FM）、脉码调制 - 移相键控（PCM - PSK）以及脉码调制 - 正交调幅（PCM - QAM）等。在大容量数字微波通信系统中，由多经传输引起的衰落，不但会使信噪比变差，还会产生幅度失真和相位失真，导致误码率恶化。因此，除采用空间分集、频率分集等抗衰落措施外，还发展了自适应均衡技术，用来减小失真的影响。

2）数 – 模兼容技术的应用。在原模拟微波系统上利用话路基带上下频段，开拓话上数据和话下数据，或把模拟波道直接改造为数字波道。

3）设备固态化和低功耗。大功率砷化镓场效应晶体管的出现及微波集成电路和微带技术的应用，实现了接收 – 发射机的全固态化和集成化，使微波接力通信系统的可靠性更高，适应性更强，而且它的总功耗仅为几十瓦，有利于使用新能源（太阳能电池、风力发电、燃料电池等）。

4）提高微波频谱的有效利用率。调频制已达到每个波道传输 3600 话路，而采用单边带调幅，则可使每个波道传输 6000 话路，数字微波通信也由于采用 8PSK 和 16QAM 等调制方式，使每个波道传输码率达到 $2 \times 34\mathrm{Mbit/s}$ 和 $140\mathrm{Mbit/s}$。

5）中继站的无人值守和系统的自动化管理。器件的长寿命、设备的高可靠性和微秒级波道转换开关的出现，为中继站的无人值守创造了条件。借助于遥信、告警系统和计算机，不但可以监视全系统的运行情况，还可以实现自动化管理。一个终端站（或枢纽站）一般可以管理几十个以至上百个中继站，从而提高了工作效率，降低了维护费用。

6）天线和馈线的发展。早期采用透镜天线，20 世纪 50 年代中期开始采用喇叭抛物面天线，此后陆续出现双反射型的卡塞格林天线、多波段天线（4GHz、6GHz、7GHz 频段共用，或 4GHz、6GHz、11GHz 频段共用）和安德鲁天线系统。安德鲁天线系统采用在反射抛物面上加边，内放微波吸收材料的方法，可抑制旁瓣辐射达 20dB 左右。近几年发展的圆号角型天线，在宽频带性能、背向辐射防卫度和天线本身驻波比指标上都优于前面几种天线，是一种很有发展前途的天线。2GHz 以下的频段多采用同轴型馈线；2GHz 以上的频段则多应用波导馈线。矩形波导馈线波型传输稳定，但衰耗较大，适用于短馈线系统；圆波导馈线衰耗虽小，但必须直线装设；椭圆波导馈线的衰耗介于上述两者之间，可以制成整根软波导管，安装方便，是一种良好的馈线。

二、卫星微波通信技术

（一）卫星微波通信技术概述

1. 定义

卫星通信是利用人造地球卫星作为中继站来转发微波波段的无线电波，从而实现两个或多个地球站之间的微波通信。

2. 有源人造地球卫星和无源人造地球卫星

人造地球卫星根据对无线电信号有无放大部分和转发功能，分为有源人造地球卫星和无源人造地球卫星。由于无源人造地球卫星反射下来的信号太弱，只能在发明早期进行科学实验用，无实用价值。于是人们致力于研究具有放大、变频转发功能的有源人造地球卫星，即通信卫星来实现卫星通信。

3. 同步卫星通信

在人造地球卫星中，绕地球赤道运行的周期与地球自转周期相等的同步卫星具有优越的性能，利用同步卫星的通信已成为主要的卫星通信方式。不在地球同步轨道运行的低轨卫星多在卫星移动通信中应用。

同步卫星通信是在地球赤道上空约 36000km 的太空中，围绕地球的圆形轨道运行的通信卫星，其绕地球运行周期为一恒星日，与地球自转同步，因而与地球之间处于相对静止状态，故称为静止卫星、固定卫星或同步卫星，其运行轨道称为地球同步轨道（Geosynchronous Orbit，GEO）。

4. 采用卫星通信的必要性

在地面上的超远距离通信，如果采用微波接力通信系统，因系视距传播，那么假设两地相距 2500km，需经过每跨距约为 46km 设立一座微波中继站，则需要 54 次接力转接，其建站成本也是不小的费用。如利用通信卫星进行中继传输，那么即使地面距离长达 1 万多千米的通信，经通信卫星一次中继转接，即可连通由地至星，再由星至地的"1 跳"完成，其中含两次中继称为"1 跳"。而电波传输的中继距离约为 4 万千米，如图 2-10 所示。

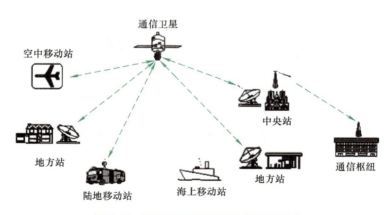

图 2-10　同步卫星与地球的相对关系图

（二）卫星通信的发展历史

1945 年英国物理学家 A. C. 克拉克（Arther C. Clarke）在《无线电世界》杂志上发表的《地球外的中继》一文中提出"利用地球同步轨道上的人造地球卫星作为中继站进行地球上通信的设想"，并在 20 世纪 60 年代成为现实。

1957 年 10 月 4 日由原苏联成功发射了世界上第一颗人造卫星 "卫星 1 号"。并绕地球运行，地球上首次收到从人造卫星发来的电波。在此之前，曾用各种低轨道卫星进行了科学试验及通信。

1960 年 8 月美国将覆有铝膜的直径为 30m 的气球卫星 "回声 1 号" 发射到约 1600km 高度的圆轨道上进行通信试验。这是世界上最早的不使用放大器的所谓无源中继试验。

美国于 1962 年 I2 月 13 日发射了低轨道卫星 "中继 1 号"。1963 年 11 月 23 日该卫星首次实现了横跨太平洋的日美间的电视转播。此时恰逢美国总统 J. F. 肯尼迪被刺，此消息经卫星传至日本在电视新闻上播出，卫星的远距离实时传输给人们留下深刻印象，使人造卫星在通信中的地位大幅度提高。

1963 年 7 月美国宇航局发射的 "同步 2 号" 卫星是世界上第一颗同步通信卫星，它与赤道平面有 30° 的倾角，相对于地面做 8 字形运动，因而尚不能真正叫作静止卫星。在大西洋上首次用于通信业务。同步通信卫星无线通信配置示意图如图 2-11 所示。

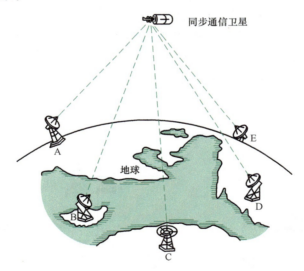

图 2-11 同步通信卫星无线通信配置示意图

1964 年 8 月美国发射的 "同步 3 号" 卫星，定点于太平洋赤道上空国际日期变更线附近，为世界上第一颗静止卫星。1964 年 10 月经该卫星转播了（东京）奥林匹克运动会的实况。至此，卫星通信尚处于试验阶段。

1965 年 4 月 6 日美国发射了最初的半试验、半实用的静止卫星 "晨鸟"，用于欧美间的商用卫星通信，以此卫星为代表，标志卫星通信进入了实用阶段。

1970 年 4 月 24 日我国成功地研制并发射了第一颗人造地球卫星 "东方红一

号"，成为世界上第五个独立自主研制和发射人造地球卫星的国家。截至 2013 年 12 月，我国共研制并发射了 238 颗不同类型的人造地球卫星，飞行成功率达 95% 以上。

（三）卫星通信原理

1. 关于卫星通信的多址联接

多址联接的意思是同一个卫星转发器可以联接多个地球站，多址技术是根据信号的特征来分割和识别信号的，信号通常具有频率、时间、空间等特征。所以卫星通信常用的多址联接方式也分为频分多址（Frequency Division Multiple Access，FDMA）联接、时分多址（Time Division Multiple Access，TDMA）联接、码分多址（Code Division Multiple Access，CDMA）联接和空分多址（Space Division Multiple Access，SDMA）联接，另外频率再用技术也是一种多址方式。

2. 频分多址（FDMA）联接

在微波频带，整个通信卫星的工作频带约有 500MHz 宽度，为了便于放大、发射和减少变调干扰，一般在卫星上设置若干个转发器。每个转发器的工作频带宽度设计为 36MHz 或 72MHz。因为卫星通信多采用频分多址技术，所以不同的地球站占用不同的频率，即采用不同的载波频率。它对于点对点大容量的通信比较适合。

3. 时分多址（TDMA）联接

现在已逐渐采用时分多址技术，即多个地球站占用同一频带，但占用不同的时隙，时分多址技术相比频分多址有一系列优点，如不会产生互调干扰，不用通过上下变频把各地球站信号分开，特别适合数字通信，并可根据业务量的变化按需分配时隙，可采用数字语音插空等新技术，使容量增加 5 倍。

4. 码分多址（CDMA）联接

另一种多址技术是码分多址联接（CDMA），即不同的地球站占用同一频率和同一时间，但用不同的随机码来区分不同的地址。它采用了扩展频谱的通信技术，具有抗干扰能力强，有较好的保密通信能力，可灵活调度话路等优点。其缺点是频谱利用率较低，比较适合容量小、分布广、有一定保密要求的系统使用。

5. 空分多址（SDMA）联接

除了上述 3 种多址技术之外，还有一种叫作空分多址的技术。空分多址联接是利用空间分割来构成不同信道的技术。举例来说，在一个卫星上使用多个天线，各个天线的波束分别射向地球表面的不同区域。这样，地面上不同区域的地球站即使在同一时间使用相同的频率进行通信，也不会彼此形成干扰。

空分多址是一种信道增容的方式，可以实现频率的重复使用，有利于充分利用频率资源。空分多址还可以与其他多址方式相互兼容，从而实现组合的多址技术，例如空分－码分多址（SD－CDMA）。

（四）卫星通信系统组成

卫星通信系统包括通信和保障通信的全部设备。其中静止卫星是指卫星运行轨道在赤道平面内，轨道离地面高度约为 35800km，为简单起见一般计为 36000km。图 2-12 所示为卫星通信系统的基本组成。卫星通信系统一般由空间分系统、通信地球站分系统、跟踪遥测及指令分系统和监控管理分系统四部分组成。

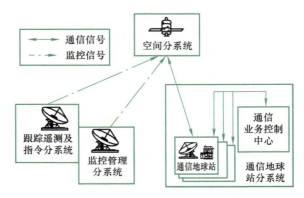

图 2-12　卫星通信系统组成示意图

1. 跟踪遥测及指令分系统

跟踪遥测及指令分系统负责对卫星进行跟踪测量，控制其准确进入静止轨道上的指定位置。待卫星正常运行后，要定期对卫星进行轨道位置修正和姿态保持。

2. 监控管理分系统

监控管理分系统负责对定点的卫星在业务开通前后进行通信性能的检测和控制，例如对卫星转发器功率、卫星天线增益，以及各地球站发射的功率、射频频率和带宽等基本通信参数进行监控，以保证正常通信。

3. 空间分系统（通信卫星）

通信卫星主要包括通信系统、遥测与指令系统、控制系统和电源系统（包括太阳能电池和蓄电池）等几个部分，其组成框图如图 2-13 所示。

通信系统是通信卫星上的主体，它主要包括一个或多个转发器，每个转发器能同时接收和转发多个地球站的信号，从而起到中继站的作用。

4. 通信地球站分系统

通信地球站是微波无线电收信站、发信站，用户通过它接入卫星线路，进行通信。发信站的主体设备为发信机；收信站的主体设备为收信机。发信机一般采用变频式发信机，其组成框图如图 2-14 所示。收信机一般采用外差式收信机，

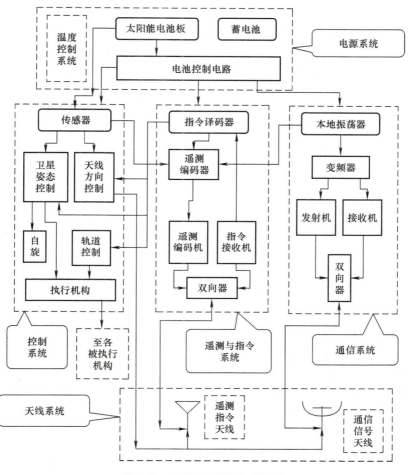

图 2-13　通信卫星的组成框图

其组成结构框图如图 2-15 所示。

（五）卫星通信的特点

1. 卫星通信与微波通信

卫星通信与微波通信的工作频率都属于微波工作频率范围，所以它们既有共同的特点，又有各自固有的特点。

卫星通信又是宇宙无线电通信的形式之一，而宇宙通信是指以宇宙飞行体为对象的无线电通信，其有 3 种形式：

1）宇宙站与地球站之间的通信；

2）宇宙站之间的通信；

3）通过宇宙站转发或反射而进行的地球站间的通信。

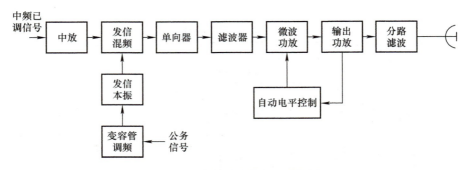

图 2-14　变频式发信机组成框图

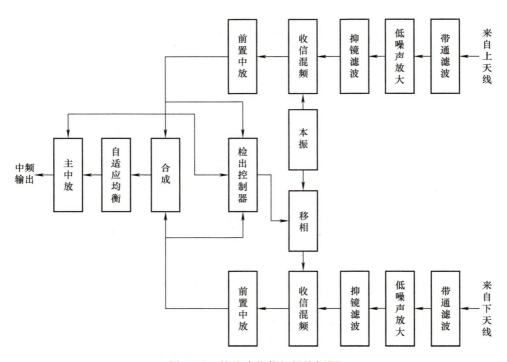

图 2-15　外差式收信机结构框图

2. 卫星通信发信设备的主要性能指标

1）工作频段：从无线电频谱的划分，将 0.3～300GHz 的射频称为微波频率。

2）输出功率：指发信机输出端口处功率的大小。

3）频率稳定度：发信机的每个工作波道都有一个标称的射频中心工作频率，用 f_0 表示。

3. 卫星通信收信设备的主要性能指标

1）工作频段：收信机是与发信机配合工作的，所以工作频段应与发信机相同。

2）收信机本地振荡（本振）的频率稳定度：接收的微波射频稳定度是由发信机决定的。

3）噪声系数：数字微波收信机的噪声系数一般为 2.5～7dB，比模拟微波收信机的噪声系数小 5dB 左右。

4）通频带：收信机接收的已调波是一个频带信号，即已调波频谱（主要成分）要占有一定的带宽。

5）选择性：对某个波道的收信机而言，要求它只接收本波道的信号，对于邻近波道的干扰、镜像频率干扰及本波道的收/发干扰等要有足够的抑制能力，即收信机的选择性。

6）收信机的最大增益：天线收到的微波信号经馈线和分路系统到达收信机。由于受到信号衰减的影响，收信机的输入电平在随机变动，其中出现的最大电平。

7）自动增益控制范围：以自由空间信号传播条件下的收信电平为基准，当收信电平高于基准电平时，称为上衰落；当收信电平低于基准电平时，称为下衰落。

4. 静止卫星通信的优点

1）通信距离远，且建设费用与通信距离无关；

2）覆盖面积大，可进行多址通信；

3）通信频带宽，传输容量大；

4）信号传输质量高，通信线路稳定可靠；

5）建立通信线路灵活，机动性好。

5. 静止卫星通信的缺点

1）静止卫星的发射与控制技术比较复杂；

2）地球的两极地区为通信盲区，且地球的高纬度地区通信效果不好；

3）存在"星蚀"和"日凌中断"现象；

4）有较大的信号传输时延和回波干扰。

（六）卫星通信系统地球站的组成

1. 地球站的组成的六大部分

地球站的组成如图 2-16 所示，为国际卫星通信频分多址方式 A 型标准地球站的组成框图。

1）天线分系统；

2）发射机分系统；

3）接收机分系统；

4）信道控制分系统；

5）信道终端设备分系统；

6）电源分系统。

2. 两个地球站与卫星组成的通信系统

两个地球站通过通信卫星进行通信的卫星通信信道的组成，如图 2-17 所示。由发端地球站的上、下行无线传输路径和收端地球站组成。

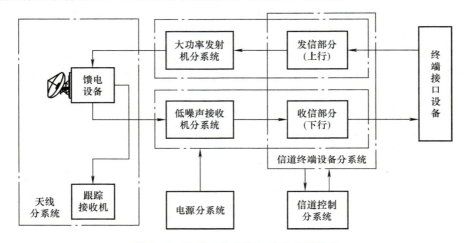

图 2-16　卫星通信系统地球站总体框图

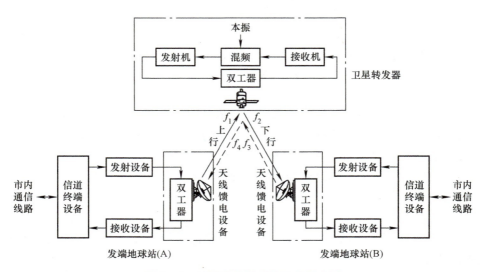

图 2-17　卫星通信信道的组成示意图

3. 地球站发射机分系统

组成与要求：由于发射卫星条件的限制，卫星转发器天线的口径和增益不可能太大。发射机分系统的组成如图 2-18 所示，其由上变频器、自动功率控制电路、发射波合成装置、激励器和功率放大器等部分组成。

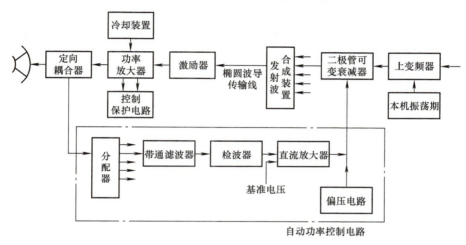

图 2-18 地球站发射机分系统组成

4. 地球站的技术要求

1）发送的信号应频带宽、射频稳定度高、发射功率大、放大器的线性好。

2）收发增益稳定，地球站发射全向辐射功率和接收放大后的功率，应保持在额定值的 ±0.5dB 范围内，以保证地球站的发射和接收性能指标。

3）可以传输多路语音信号、电报、传真，以及高速数据、电视信号等多种信号。

4）能接收由卫星转发器转发来的额定值的微弱信号。

5）正常工作过程中，性能稳定、可靠，维护、使用方便。

6）建设成本和维护费用不应太高。

5. 地球站发射信号的品质要求

1）地球站性能的品质因数（G/T）：G/T 是地球站接收天线增益 G 与地球站接收系统的等效热噪声 T 的比值，其表征了地球站对微弱信号的接收能力，称为地球站的品质因数。

2）有效辐射功率及其稳定度：为了保证所传送信号的质量，要求地球站的发射机能够发射较大的功率，一般在几百瓦至几千瓦的数量级，而且要求所发射的射频信号功率非常稳定。

3）射频频率的稳定度：地球站所发射的射频信号的频率必须很精确，如果频率漂移太大，不但会影响卫星转发器频带的有效利用，还会在卫星转发器中产生交流调制噪声。

4）射频能量的扩散：为减小交流调制噪声干扰，必须对地球站在轻负载（即信号少时）时所发射的射频频谱能量密度加以限制。

5）干扰波辐射的限制：为了防止干扰波对卫星转发器和其他微波通信系统形成干扰，规定地球站因多载波引起的交流调制噪声干扰及频带外总的有效全向辐射功率应小于国家标准规定的限值。

6. 卫星通信系统的频段选择

1）UHF 超高频段，微波频率为 $200 \sim 400\,MHz$；

2）微波 L 频段，微波频率为 $1.5 \sim 1.6\,GHz$；

3）微波 C 频段，微波频率为 $4 \sim 6\,GHz$；

4）微波 X 频段，微波频率为 $7 \sim 8\,GHz$；

5）微波 Ku 频段，微波频率为 $12 \sim 14\,GHz$ 和 $11 \sim 14\,GHz$；

6）微波 Ka 频段，微波频率为 $20 \sim 30\,GHz$。

7. 卫星通信转发器的结构

通信卫星的有效载荷由接收、变频、调制、放大和发射等电路构成，如图 2-19 所示。以某一频段接收来自地面的上行信号，经变频、调制、放大处理

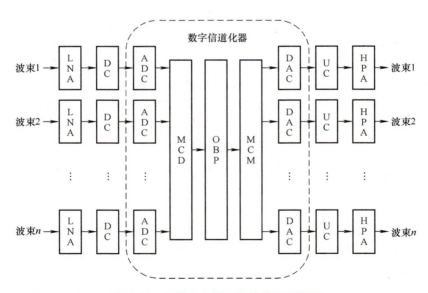

图 2-19　卫星上有效载荷信号处理框图

LNA（Low Noise Amplifier）——低噪声放大器　DC（Direct Current）——直流电

UC（Umbilical Cable）——连接电缆　HPA（High – Power Amplifier）——高功率放大器

MCD——模拟 – 数字调制器　OBP——正交反向编码器　MCM——多芯片组件（涉及滤波、去噪、降噪等）

后，再以另一频段向地面发射下行信号，完成地球上远距离通信和广播，也可用于行星际通信，即为卫星通信转发器。高级的转发器具有信号处理功能和解调后再调制等功能。卫星通信转发器根据传输信息路数和不同的调制方式，一般分为单变频转发器、上变频转发器和处理转发器，如图 2-20 所示。

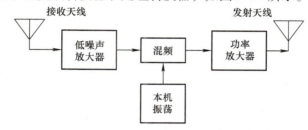

a) 单变频转发器

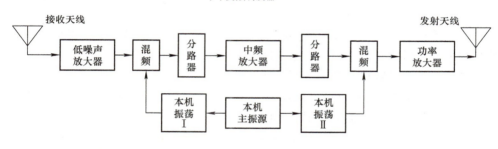

b) 上变频转发器

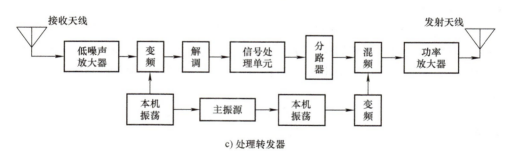

c) 处理转发器

图 2-20　卫星通信三种形式转发器结构示意图

处理转发器即卫星接收到上行信号后，经一定的信号处理，要么实现信号再生，要么实现卫星上交换。比如收到模拟信号，经模－数转换后，再将数字信号发射出去，其框图如图 2-21 所示。

（七）数字信道化接收机

数字信道化接收机是一种将模拟信号转化为数字信号并对其进行处理的设备。在现代卫星通信中，数字信道化接收机被广泛应用于语音通信、数据传输等

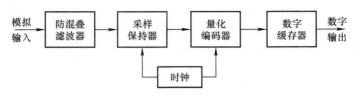

图 2-21　模-数转换器（ADC）结构框图

领域。

数字信道化接收机主要由四部分所组成：前置放大器、数-模转换器、数字信号处理器、数-模解调器。

其中，前置放大器用来放大信号，为了遏制白噪声对信号的影响，一般采用低噪声放大器；数-模转换器可将模拟信号转换为数字信号的电路，即数字调制器；数字信号处理器是对数字信号中存在的超高频进行滤波处理，对数字化处理中产生的噪声进行去噪、降噪处理的"多芯片组件"；数-模解调器用来解调数字信号，即将数字信号还原为原始的模拟信号。

数字信道化接收机的实现主要包括以下步骤：

1）确定信号的传输特点：在数字信道化接收机设计时，首先应确定被传输信号的特点，包括频率范围、带宽和调制方式。

2）设计前置放大器：前置放大器是整个信号接收机的前置处理电路，其主要功能是放大输入信号，并滤除高频噪声。设计前置放大器时，需要考虑被传输信号的频率范围和幅值，还包括输入阻抗等因素。

3）选择合适的模-数转换器：在数字信道化接收机中，模-数转换器是将模拟信号转换成数字信号的核心设备。在选择合适的模-数转换器时，需要考虑其分辨率、采样率、动态范围和信噪比等指标，以确保其能够准确地转换输入信号。

4）设计数字信号处理器：数字信号处理器是对数字信号进行滤波、去噪、降噪等处理的多芯片组件。在设计时需要考虑其处理速度、内存容量和功耗的技术指标。

5）选择适当的解调器：解调器是将数字信号还原成原始的模拟信号的设备，在选择解调器时，必须是与调制器相配套的逆操作。需要考虑其技术的先进性、解调速度和解调的误码率等技术指标。

（八）全球卫星通信系统和卫星导航系统概况

1. 全球卫星通信系统

目前，国际卫星通信组织负责建立的国际卫星通信系统（International Satellite Communication System，INTELSAT，简称 IS）如图 2-22 所示，利用静止卫星来实现全球通信，具有三颗静止卫星，这三颗同步卫星分别位于太平洋、印度洋和大西洋上空，它们构成的全球通信网络承担着大约 80% 的国际通信业务和全部国际电视转播业务。

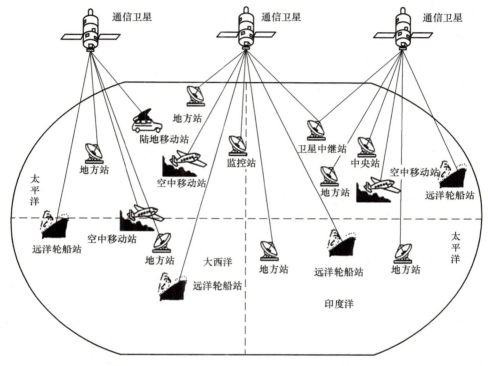

图 2-22　国际卫星通信系统 "IS" 示意图

2. 全球卫星导航系统

卫星导航系统国际委员会（ICG）认定全球四大卫星导航供应商，分别为：美国的全球定位系统（Global Positioning System，GPS）；俄罗斯的格洛纳斯卫星导航系统（Global Navigation Satellite System，GLONASS）；中国的北斗卫星导航系统（BeiDou Navigation Satellite System，BDS）；欧盟的伽利略卫星导航系统（Galileo Navigation Satellite System，Galileo）。

全球四大卫星导航系统的主要参数见表 2-3。

表 2-3　全球四大卫星导航系统的主要参数表

主要参数	北斗系统（BDS）	GPS	格洛纳斯（GLONASS）	伽利略（Galileo）
所属国家或地区	中国	美国	俄罗斯	欧盟
建成时间	2020 全面建成	1994 正式建成	1996 投入服务	2020 建成
星座设计/颗	30	24	24	30

（续）

主要参数	北斗系统（BDS）	GPS	格洛纳斯（GLONASS）	伽利略（Galileo）
已发射卫星/颗	59	72	—	28
在轨卫星/颗	51	34	27	26
定位精度/m	10（全球）/5 亚太	10	10	3
测速精度/（m/s）	0.2（全球）/0.1 亚太	0.2	0.2	0.2
授时精度/nm	20（全球）/10 亚太	20	20	20
用途	军民两用	军民两用	军民两用	民用
造价/亿美元	250	300	144	100

（九）我国的卫星通信系统和北斗卫星导航系统

1. 我国的卫星通信系统

1）卫星通信干线：中国卫星通信干线主要用于中央、各大区局、省局、开放城市和边远城市之间的通信，它是国家通信骨干网的重要补充和备份，为保证地面网过负荷时，以及非常时期（如地面发生自然灾害时）国家通信网的畅通有着十分重要的作用。

2）VSAT：VSAT 是 Very Small Aperture Terminal 的缩写，直译为甚小口径卫星终端站，所以也称为卫星小数据站或个人地球站（PES），这里的"小"字指的是 VSAT 卫星通信系统中小站设备的天线口径小，通常为 0.3～1.4m。

在我国边远省、自治区（如西藏、新疆）的一些地区，难以用扩展和延伸国家通信网的方法来进行覆盖。对于这些地区的一些人口聚居的重镇或县城或海岛的用户，VSAT 系统具有灵活性强、可靠性高、成本低、使用方便，以及小站可直接装在用户端等特点。我国利用 VSAT 的方法将其接入地面公用网。这对我国通信网的全国覆盖具有重要意义。

3）卫星专用网：卫星专用网在我国发展很快，银行、民航、石化、水电、煤炭、气象、海关、铁路、交通、航天、新华社、计委、地震局、证券公司等均建有专用卫星通信网，大多采用 VSAT 系统，全国已有几千个地球站。

4）卫星移动通信系统：我国按照需要建立卫星移动通信系统，以支持位于地面移动通信网服务区以外用户的移动通信业务，其终端应当是轻便和低成本的。这类卫星移动通信系统，还用来为地面通信网未能覆盖的农村和边远地区提供基本的话音和低速数据通信，这对发展中国家更具有重要意义。这里所指的农村和边远地区用户，是指十分分散的自然村，要求其终端的复杂度、体积和成本应远小于 VSAT 小站。

5）亚太卫星移动通信系统：以我国为主的亚太卫星移动通信系统（Asia Pacific Satellite Mobile Telecommunication，APMT）正在筹建，它是同步卫星支持的区域性系统。系统支持手持机用户，为此星载天线十分庞大（天线直径为1～3m），此外系统还用于支持边远地区的基本通信。

6）高速率用户的集团用户系统：我国的卫星网还将用于支持低业务密度地区的高速率集团用户终端的通信需求，比如，对因特网的高速浏览，以及高速率的用户接入公用网。对于这一类用户，其终端设备的简化和低成本也是十分重要的。要建立我国的综合卫星通信系统。目前，我国在同步卫星通信方面的发展已具规模，在作为国家干线通信网的备份和组建专用网方面发挥了巨大的作用。但是，面对一些业务需求，如移动通信业务、边远地区基本通信业务、高速率用户的接入和因特网浏览，以及交互式多媒体业务等方面的需求，我国是采用继续发展和扩大同步卫星通信系统来支持这些新业务，还是建立包括同步卫星和非同步卫星在内的综合卫星通信系统呢？从国外卫星通信发展趋势来看，由于轨道高度较低的非同步卫星无论在支持移动通信、边远地区基本通信和高速率用户的接入等方面都十分有利，它能有效地降低对终端EIRP（有效合向辐射功率）和G/T值（接收机品质因数）的要求，使用户终端大为简化，同时降低成本。因此，建立我国的综合卫星通信系统在技术上是合理的。

2. 同步卫星与非同步卫星

在综合系统中，同步卫星和非同步卫星各自支持的业务重点应有所不同。

（1）同步卫星 地球同步卫星也称为地球同步轨道卫星、对地静止卫星。

狭义地球同步卫星是赤道面内的同步卫星，是运行在地球同步轨道上的人造卫星。它距离地球的高度约为36000km，运行方向与地球自转方向相同，运行轨道为位于地球赤道平面上圆形轨道，运行周期与地球自转一周的时间相等，运行角速度等于地球自转的角速度。

广义的同步卫星按其轨道倾角与地球赤道平面的夹角不同，又分为地球同步卫星和倾角同步卫星，如图2-23所示。

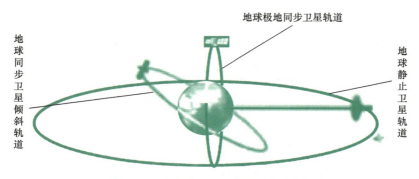

图2-23 地球同步卫星不同轨道示意图

1）当地球同步轨道卫星的轨道倾角为 0°时，即为地球静止卫星（Geostationary Satellite）。地球静止轨道卫星在任何时刻都处于地面上同一地点的上方，地面观察者看到卫星始终位于某一位置，静止不动。其星下点轨迹是一个点。

2）当地球同步轨道卫星的轨道倾角大于零度并且小于 180°，但不等于 90°时，即为倾斜轨道同步卫星（Inclined Geosynchronous Satellite）。其星下点轨迹是 8 字形。

3）当地球同步轨道卫星的轨道倾角为 90°时，即为极地轨道同步卫星。由于轨道平面能够固定在惯性空间中，而地球在极轨道下方旋转，极地轨道同步卫星能够在较低的轨道高度观测地面上的几乎每个点，所以常用于地球测绘或监视。

4）同步卫星距离地球的高度约为 36000km，运行方向与地球自转方向相同，运行轨道为位于地球赤道平面上的圆形轨道，运行周期与地球自转一周的时间相等，运行角速度等于地球自转的角速度。

5）同步卫星系统主要支持的业务有：地面公用网各枢纽站之间的干线连接，其地面站庞大、成本高；远端用户（VSAT 终端）的接入；构成专用网和专用网与公用网之间的连接。

（2）非同步卫星　地球非同步卫星指卫星轨道距离地球表面 2000 ~ 20000km 的中轨道地球卫星。主要是作为陆地移动通信系统的补充和扩展，与地面公众网有机结合，实现全球个人移动通信，也可以用作卫星导航系统。因此，其在全球个人移动通信和卫星导航系统中具有极大的优势。中轨道卫星兼具静止轨道和低轨道地球卫星的优点，可实现真正的全球覆盖和更有效的频率复用。其缺点是需要部署大量的卫星，卫星的组网和控制切换等技术比较复杂，投资高、风险大。

例如，我国综合系统中的非同步卫星可以是一种由 4 颗椭圆轨道卫星的近、远地点分别为 4497km 和 16209km 距离构成的星座，它能在北京时间每天的 7 点至 23 点 30 分连续覆盖我国。星座对我国的最小覆盖仰角在 15°以上，而对大陆的绝大部分地区在 20°以上。

中国自 20 世纪 60 年代初，便开始研制微波接力通信系统和人造地球卫星，它标志着我国已有能力依靠自己的力量，涉足于卫星通信领域，为通信网增加新的通信手段。至 20 世纪 70 年代中期，中国已有大型地球站为国内、国际通信服务。20 余年来，中国卫星通信，在研究、开发、制造和发射、运营等多领域，通过国家重视和国内科技人员、管理人员等各方面的共同努力，得到了长足的发展，为下一步发展奠定了坚实基础。

非同步卫星系统主要支持的业务有：

1）移动通信业务；

2）提供过远地区和农村的基本通信（话音和低速数据），其用户终端体积和成本远低于 VSAT 终端；

3）用于高速率（可达 2Mbit/s）用户终端的接入，提供交互式多媒体业务和支持用户高速浏览因特网。其用户终端成本和天线尺寸应小于 VSAT 终端。

4）在综合系统中，由于非同步卫星将飞越全球，具有全球（非实时）覆盖能力，因此综合系统可以实现全球的非实时的数据通信，数据信息延时最大约5h。尽管通信是非实时的，但系统是完全由我国自主控制的，这在一定程度上能缓解一直困扰我国的全球通信问题，对军事和外交机要通信具有重要意义。

3. 我国的北斗卫星导航系统

我国的北斗卫星导航系统（简称"北斗系统"）（BeiDou Navigation Satellite System，BDS）由空间段、地面段和用户段三部分组成。是我国从 20 世纪后期开始，探索适合本国国情和面向世界的卫星导航系统，逐步形成了三步走发展战略：2000 年年底，建成北斗一号系统，向中国提供服务；2012 年年底，建成北斗二号系统，向亚太地区提供服务；在 2020 年 7 月 31 日建成北斗三号全球系统，向全球提供服务。

北斗三号系统空间段由 3 颗 地球静止轨道（Geosynchronous Earth Orbit，GEO）卫星，3 颗倾斜地球同步轨道（Slant Geosynchronous Orbit，GSO）卫星，24 颗中圆地球轨道（Medium Earth Orbit，MEO）卫星等组成。

北斗三号系统地球段包括主控站、时间同步/注入站、监测站和若干地面站，以及卫星间链路运行管理设施。其用户段包括北斗及兼容其他卫星导航系统的芯片、模块和天线等基础部分。还包括不可缺少的终端设备、应用系统和服务系统。

从北斗一号到北斗三号，都是我国自主建设、独立运行的卫星导航系统，是为全球用户提供全天候、全天时、高精度的定位、导航和授时服务的国家重要空间基础设施。相关系统已广泛应用于交通运输、海洋渔业、水文监测、气象预报、测绘地理信息、森林防火、通信时统、电力调度、救灾减灾、应急搜救等领域，如图 2-24 所示。

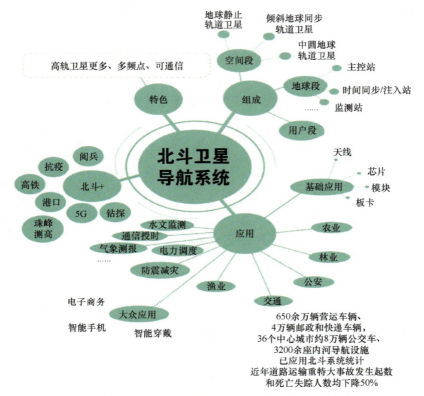

图 2-24　中国北斗卫星导航系统组成及应用领域示意图

第 三 章

通信技术的"高速公路"

第一节　通信技术的"高速公路"概述

一、从"5G 热"说起

简单来说，5G 就是第五代通信技术，主要特点是波长为毫米级、超宽带、超高速度、超低延时（相对 4G 而言）。

1G 实现了模拟语音通信，大哥大没有屏幕只能打电话；2G 实现了语音通信数字化，功能机有了小屏幕，可以发短信；3G 实现了语音以外图片等的多媒体通信，屏幕变大，可以看图片；4G 实现了局域高速上网，大屏智能机可以看短视频，但在城市信号好，农村信号差。

1~4G 都是着眼于人与人之间更方便快捷的通信，而 5G 将实现随时随地万物互联，让人类期待与地球上的万物通过直播的方式无时差（实际上是相同的时延）同步参与其中，如图 3-1 所示。

通信技术归根到底分为两种，即有线通信和无线通信。信息数据要么在空中以电磁波传播，即无线通信；要么在实物上（电缆或光缆）传播，即有线通信。在有线介质上传播数据，速度可以达到很高的数值。而作为便携式通信工具的移动通信受到有线的限制，只能采用无线通信方式，由于便携式通信电子产品的爆发式增长，已经到了与人们息息相关的地步，而且对传输速度、传输保真度要求越来越高，才体现出无线通信的瓶颈所在，其对比如图 3-2 所示。

目前主流的 4G LTE，理论速率只有 150Mbit/s，这个和有线是完全没办法相比的。所以，5G 如果要实现端到端的高速度，重点是突破无线这部分的瓶颈。

无线通信就是利用电磁波进行通信。电波和光波，都属于电磁波。电磁波的功能特性，是由它的频率决定的。不同频率的电磁波有不同的属性特点，从而有不同的用途。

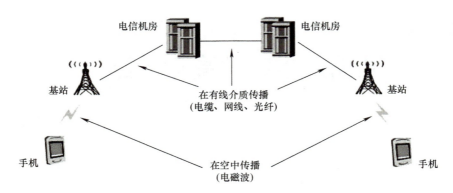

图 3-1　便携式无线通信系统结构示意图

二、中频至超高频的信道通信

对于无线通信，目前主要使用电波进行通信。当然，光波通信也在崛起，例如 LiFi（可见光通信）。可见，无线电波属于电磁波的一种，它的频率资源是有限的。为了避免干扰和冲突，要在电波这条公路上进一步划分车道，分配给不同的对象和用途。一直以来，手机通信主要是应用

图 3-2　无线通信与有线通信的能力比较示意图

中频至超高频的频谱，频道的频率分配见表 3-1 和表 3-2。

（一）频道用途划分

表 3-1　频道用途的划分表

名称	符号	频率	波段	波长	主要用途
甚低频	VLF	3～30kHz	超长波	100～1000km	海岸潜艇通信；远距离通信；超远距离通信
低频	LF	30～300kHz	长波	1～10km	越洋通信；中距离通信；地下岩层通信；远距离导航
中频	MF	0.3～3MHz	中波	100m～1km	船用通信；业余无线电通信；中距离导航；移动通信
高频	HF	3～30MHz	短波	10～100m	远距离短波通信；国际定点通信；移动通信

（续）

名称	符号	频率	波段	波长	主要用途
甚高频	VHF	30～300MHz	米波	1～10m	电离层散射；流星余迹通信；人造电离层通信；对空间飞行体通信；移动通信
特高频	UHF	0.3～3GHz	分米波	0.1～1m	小容量微波中继通信；对流层散射通信；中容量微波中继通信；移动通信（2～4G）
超高频	SHF	3～30GHz	厘米波	1～10cm	大容量微波中继通信；移动通信（4～5G）；卫星通信；国际海事卫星通信
极高频	EHF	30～300GHz	毫米波	1～10mm	再入大气层时的通信；波导通信

（二）我国 LTE 频谱划分

表 3-2　我国各通信运营商的频谱资源分配表

应用公司	TDD		FDD		资源合计
	频谱/MHz	频谱资源	频谱/MHz	频谱资源	
中国移动	1880～1900	20M	—	—	130M
	2320～2370	50M	—	—	
	2575～2635	60M	—	—	
中国联通	2300～2320	20M	1955～1980	25M	90M
	2555～2575	20M	2145～2170	25M	
中国电信	2370～2390	20M	1755～1785	30M	100M
	2635～2655	20M	1850～1880	30M	

注：数据来源于工信部、招商证券。

　　例如经常说的“GSM900”“CDMA800”，其实是指工作频段在 900MHz 的 GSM 和工作频段在 800MHz 的 CDMA。目前全球主流的 4G LTE 技术标准属于特高频和超高频，我国主要使用超高频。可见，随着 1G、2G、3G、4G 的发展，使用的电波频率越来越高。这主要是因为频率越高能使用的频率资源越丰富。频率资源越丰富，能实现的传输速率就越高。更高的频率会带来更多的频率资源，更多的频率资源便会有更大的客户容量和更快的传输速度。

三、超高频和极高频信道通信——毫米波通信

　　如果按 28GHz 来算，根据前文提到的公式，则可计算其波长为

$$波长 = \frac{光速}{频率} = \frac{3 \times 10^8\,\text{m/s}}{2.8 \times 10^{10}\,\text{Hz}} \approx 10.7\,\text{mm}$$

这个就是 5G 的第一个技术特点——毫米波。

而电磁波的显著特点是频率越高，波长越短，越趋近于直线传播（绕射和穿墙能力越差）。频率越高，在传播介质中的衰减也越大。

根据 2017 年 12 月发布的 V15.0.0 版的 TS38.104 规范，5G NR 频率范围分别定义为不同的 FR1 和 FR2。其频率范围见表 3-3，5G 的频率范围分为两种，一种是 6GHz 以下（超高频），这个和目前的 2G/3G/4G 差别不太大。还有一种是 24GHz 以上（极高频），目前国际上的 5G 通信主要使用 28GHz 进行试验和使用。

在 NR 频段内的 FR1 和 FR2 又各分为若干频段编号，见表 3-4 和表 3-5。

表 3-3 频率范围与频谱范围的对应关系表

频率范围名称	对应频谱范围/MHz
FR1	450～6000MHz
FR2	24250～52600MHz

表 3-4 V15.0.0 版 TS38.104 规范的 FR1 频段号对应频率范围表

NR 频段号	上行频段/下行频段/MHz（基站接收/UE 发射）	双工模式
n257	26500～29500	TDD
n258	24250～27500	
n260	37000～40000	

表 3-5 V15.0.0 版 TS38.104 规范的 FR2 频段号对应频率范围表

NR 频段号	上行频段/MHz（基站接收/UE 发射）	下行频段/MHz（基站发射/UE 接收）	双工模式
n1	1920～1980	2110～2170	FDD
n2	1850～1910	1930～1990	
n3	1710～1785	1805～1880	
n5	824～849	869～894	
n7	2500～2570	2620～2690	
n8	880～915	925～960	
n20	832～862	791～821	
n28	703～748	758～803	
n38	2570～2620	2570～2620	
n41	2496～2690	2496～2690	
n50	1432～1517	1432～1517	
n51	1427～1432	1427～1432	
n66	1710～1780	2110～2200	
n70	1695～1710	1995～2020	

（续）

NR 频段号	上行频段/MHz（基站接收/UE 发射）	下行频段/MHz（基站发射/UE 接收）	双工模式
n71	663 ~ 698	617 ~ 652	FDD
n74	1427 ~ 1470	1475 ~ 1518	
n75	—	1432 ~ 1517	
n76	—	1427 ~ 1432	
n77	3300 ~ 4200	3300 ~ 4200	
n78	3300 ~ 3800	3300 ~ 3800	
n79	4400 ~ 5000	4400 ~ 5000	
n80	1710 ~ 1785	—	
n81	880 ~ 915	—	
n82	832 ~ 862	—	
n83	703 ~ 746	—	
n84	1920 ~ 1980	—	

从上列表 3-3 ~ 表 3-5 中可见，5G NR 频段中包含了部分在 1 ~ 4G 中使用的 LTE 频段，也新增了一些频段，即 n50、n51、n70 及以上频段。目前全球在 5G 中最先部署的频段为 n77、n78、n79（3.3 ~ 4.2GHz，4.4 ~ 5.0GHz 等频率范围）和 n257、n258、n260 等频段（26GHz、28GHz、39GHz 等频率范围）。

卫星通信和 GPS 导航（波长 1cm 左右），一旦有遮挡物，就没信号了。接收卫星信号的天线必须校准正对着卫星的方向，否则哪怕立体角的误差稍微大一点，都会影响信号质量。移动通信如果用了高频段，那么它最大的问题就是传输距离大幅度缩短，覆盖能力大幅度减弱。覆盖同一个区域需要的 5G 基站数量将大大超过 4G。

四、无线通信的基站和微基站

基站数量意味着投入的成本。频率越低，网络建设的成本就越低。这就是为什么在之前电信、移动、联通都在争得低频段的频谱资源。基于以上原因，在高频率的前提下，为了减轻网络建设方面的成本压力，5G 必须寻找新的出路。基站有两种，即微基站和宏基站。看名字就知道，微基站很小，宏基站很大如图 3-3 所示。

1）宏基站：室外常见的高塔形或高柱形，建一个宏基站可覆盖一大片接收范围。

2）微基站：体积更小的基站，如现在家庭使用的只有书本大小。其实，微基站现在就有不少，尤其是城区和室内经常能看到。到了 5G 时代，微基站会更多，几乎随处可见。

a) 4G 宏基站铁塔实物图

b) 5G 基站与微基站实物图

c) 4G 宏基站分布示意图

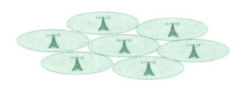

d) 5G 微基站分布示意图

图 3-3　4G/5G 的基站与微基站实物和信号分布范围示意图

　　基站会不会对人体造成影响？其实和传统认知恰好相反，事实上基站数量越多，每一个微基站发射的功率越小，辐射也会越小。大功率方案与小功率方案相比，基站小而功率低，且覆盖更好。如果只采用一个大基站，离得近，辐射大；离得远，没信号，那么反而不好。

五、微米波通信的天线

　　天线去哪了？以前大哥大都有很长的天线，早期的手机也有突出来的小天线，为什么现在的手机都没有天线了？其实，并不是不需要天线，而是天线变小了。根据天线特性，天线长度应与波长成正比，大约在波长的 1/10 ~ 1/4 之间。所以手机的通信频率越来越高，波长越来越短，天线也就越来越短。毫米波通信时，天线也变成毫米级，这就意味着天线完全可以塞进手机里面，甚至可以塞很多根，如图 3-4 所示。这就是 5G 的第三大撒手锏——Massive MIMO（大规模多天线技术）。MIMO 就是"多进多出"（Multiple – Input Multiple – Output），多根天线发送，多根天线接收。在 LTE 时代就已经有 MIMO 了，但是天线数量并不算多，只能说是初级版的 MIMO，如图 3-5 所示。

　　5G 时代继续将 MIMO 技术发扬光大，变成加强的 Massive MIMO。由于微米波通信的天线很小，所以基站里能安装许多根天线。以前基站上 4G 的天线按"根"来计算，而 5G 时代的天线是按"阵"计算的。不过天线之间的距离也不能太近，多天线阵列要求天线之间的距离保持在半个波长以上。如果距离太近，就会互相干扰，影响信号的收发。

信号是向四周发射的。如灯光一样，在一个房间只要点亮一盏灯，就会照亮整个房间内无遮挡之处，如果只是想照亮某个区域或物体，那么大部分的光都会被浪费了。基站也是一样，如果天线阵列的电波向四周辐射，

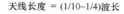
天线长度 = (1/10~1/4)波长

图 3-4　天线长度与波长之间的关系示意图

则大量的能量和资源都浪费了。如果能找到一只无形的手，把散开的光束缚起来，这样既节约了能量，也保证了要照亮的区域有足够的光。即在天线电波辐射时，天线阵列中的每一根天线的波长只向一定的角度辐射，使之既节约能源又不互相之间产生干扰，这就是所谓的波束赋形技术。

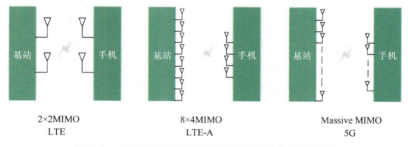

图 3-5　基站的天线与通信设备的天线分布示意图

六、波束赋形

通过多个天线形成阵列，有效控制每个天线发出各自的振幅和相位，使电磁波在空间中互相抵消或者增强，形成一个很窄波束，将能量聚集上面定向传输，实现传输效率的快速提升，补偿毫米波快速衰减的频谱特性，叫作波束赋形。在基站上布设天线阵列，通过对射频信号相位的控制，使得相互作用后的电磁波的波瓣变得非常狭窄，并指向它所提供服务的手机，而且能根据手机的移动而转变方向。这种空间复用技术由全向的信号覆盖变为精准指向性服务，波束之间不会互相干扰，在相同的空间中提供更多的通信链路，极大地提高了基站的服务容量。

波束赋形基于天线阵列，在 5G 时代将颠覆传统天线发射方式。3G 时代的智能天线技术是在基站上布置天线阵列，该技术没有在 3G 时代得以应用，但随着 5G 时代联网设备成百上千倍增加的情况下，波束赋形技术所能带来的容量增加就显得非常有价值。实际上，2G、3G、4G，包括千兆级 LTE，所有的天线发

射都是全向发射，5G天线阵列使用波束赋形将颠覆该方式。其优势还在指向性、低功耗、编码简单和定位增值服务等方面尤显突出。

波束赋形的工作形态分为无指向性、锐心型指向性、双指向性和单一指向性4种。其形态在所有形态下均可以逆转，且指向性锐度可以进行调整，如图3-6所示。

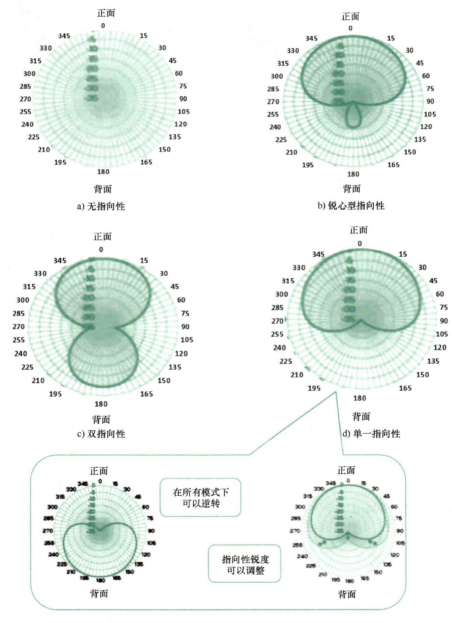

图3-6 波束赋形的各种形态示意图

七、关于 D2D

在目前的移动通信网络中,即使是两个人面对面联络对方的手机,其信号都是通过基站进行中转的,包括控制信令和数据包。而在 5G 时代,这种情况就不一定了。5G 的第五大特点——D2D,也就是"设备到设备"(Device to Device)通信方式。5G 时代,同一基站下的两个用户,如果互相进行通信,他们的数据将不再通过基站转发,而是直接手机到手机。这样就节约了大量的空中资源,也减轻了基站的压力。非 D2D 和 D2D 传输信道示意图如图 3-7 所示。

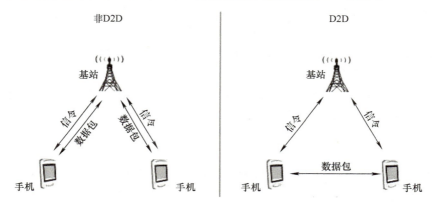

图 3-7 非 D2D 和 D2D 传输信道示意图

第二节 无线通信的第五代移动通信技术——5G

一、5G 概述

第五代移动通信技术(5th Generation Mobile Communication Technology)简称 5G,是具有高速度、低延时和大连接特点的新一代宽带移动通信技术,是实现人-机-物互联的网络基础设施。

国际电信联盟(ITU)定义了 5G 的三大类应用场景,即增强型移动宽带(Enhanced Mobile Broadband,eMBB)、超高可靠低延时通信(Ultra Reliable & Low Latency Communication,uRLLC)和海量物联网通信(Massive Machine Type Communication,mMTC)。

eMBB 主要面向移动互联网流量爆炸式增长,为移动互联网用户提供更加极致的应用体验。

uRLLC 主要面向工业控制、远程医疗、自动驾驶等对延时和可靠性具有极高要求的垂直行业应用需求。

mMTC 主要面向智慧城市、智能家居、环境监测等以传感和数据采集为目标的应用需求。

为满足 5G 多样化的应用场景需求，5G 的关键性能指标更加多元化。ITU 定义了 5G 八大关键性能指标，其中高速度、低延时、大连接成为 5G 最突出的特征，用户体验速度达 1Gbit/s，时延低至 1ms，用户连接能力达 100 万连接/km²。

2018 年 6 月 3GPP 发布了第一个 5G 标准（Release－15），支持 5G 独立组网，重点满足增强移动宽带业务。

2020 年 6 月 Release－16 版本标准发布，重点支持低延时高可靠业务，实现对 5G 车联网、工业互联网等应用的支持。

Release－17（R17）版本标准将重点实现差异化物联网应用，实现中高速大连接，计划于 2022 年 6 月发布。

2020 年 4 月 8 日，中国移动、中国电信、中国联通携手 11 家合作伙伴共同发布《5G 消息白皮书》，三大运营商计划在 2020 年推出 5G 消息。

二、5G 的发展背景

移动通信延续着每十年一代技术的发展规律，已历经 1G、2G、3G、4G 的发展。每一次代际跃迁，每一次技术进步，都极大地促进了产业升级和经济社会发展。

从 1G 到 2G，实现了模拟通信到数字通信的过渡，移动通信走进了千家万户。

从 2G 到 3G、4G，实现了语音业务到数据业务的转变，传输速度成百倍提升，促进了移动互联网应用的普及和繁荣。当前，移动网络已融入社会生活的方方面面，深刻改变了人们的沟通、交流乃至整个生活方式。4G 网络造就了非常辉煌的互联网经济，解决了人与人随时随地通信的问题，随着移动互联网快速发展，新服务、新业务不断涌现，移动数据业务流量爆炸式增长，4G 移动通信系统难以满足未来移动数据流量暴涨的需求，亟须研发下一代移动通信（5G）系统。

5G 作为一种新型移动通信网络，不仅要解决人与人通信问题，为用户提供增强现实、虚拟现实、超高清（3D）视频等更加身临其境的极致业务体验，更要解决人与物、物与物通信问题，满足移动医疗、车联网、智能家居、工业控制、环境监测等物联网应用需求。最终，5G 将渗透到经济社会的各行业各领域，成为支撑经济社会数字化、网络化、智能化转型的关键新型基础设施。

三、5G 的发展历程

2013 年 2 月，欧盟宣布拨款 5000 万欧元，加快 5G 移动技术的发展，计划

2020 年推出成熟的 5G 标准。

2013 年 4 月，中国工业和信息化部、国家发展改革委、中国科学技术部共同支持成立 IMT-2020（5G）推进组，作为 5G 推进工作的平台，推进组旨在组织国内各方力量、积极开展国际合作，共同推动 5G 国际标准发展。2013 年 4 月 19 日，IMT-2020（5G）推进组第一次会议在北京召开。

2014 年 5 月 8 日，日本电信营运商 NTT DoCoMo 正式宣布将与 Ericsson、Nokia、Samsung 等 6 家厂商共同合作，开始测试超越现有 4G 网络 1000 倍网络承载能力的高速 5G 网络，传输速度可望提升至 10Gbit/s。预计在 2015 年展开户外测试，并期望于 2020 年开始运作。

2016 年 1 月，中国 5G 技术研发试验正式启动，于 2016—2018 年实施，分为 5G 关键技术试验、5G 技术方案验证和 5G 系统验证三个阶段。

2016 年 5 月 31 日，第一届全球 5G 大会在北京举行。本次会议由中国、欧盟、美国、日本和韩国的 5 个 5G 推进组织联合主办。中国工业和信息化部部长苗圩出席会议并致开幕词。苗圩指出，发展 5G 已成为国际社会的战略共识。5G 将大幅度提升移动互联网用户业务体验，满足物联网应用的海量需求，推动移动通信技术产业的重大飞跃，带动芯片、软件等快速发展，并将与工业、交通、医疗等行业深度融合，催生工业互联网、车联网等新业态。

2017 年 11 月 15 日，中国工业和信息化部发布《关于第五代移动通信系统使用 3300—3600MHz 和 4800—5000MHz 频段相关事宜的通知》，确定 5G 中频频谱，能够兼顾系统覆盖和大容量的基本需求。

2017 年 11 月下旬中国工业和信息化部发布通知，正式启动 5G 技术研发试验第三阶段工作，并力争于 2018 年年底前实现第三阶段试验基本目标。

2017 年 12 月 21 日，在国际电信标准组织 3GPP RAN 第 78 次全体会议上，5G NR 首发版本正式冻结并发布。

2017 年 12 月，国家发展改革委发布《关于组织实施 2018 年新一代信息基础设施建设工程的通知》，要求 2018 年将在不少于 5 个城市开展 5G 规模组网试点，每个城市 5G 基站数量不少 50 个、全网 5G 终端不少于 500 个。

2018 年 2 月 27 日，华为在 MWC2018 大展上发布了首款 3GPP 标准 5G 商用芯片巴龙 5G01 和 5G 商用终端，支持全球主流 5G 频段，包括 Sub6GHz（低频）、mmWave（高频），理论上可实现最高 2.3Gbit/s 的数据下载速度。

2018 年 6 月 13 日，3GPP 5G NR 标准 SA（Standalone，独立组网）方案在 3GPP 第 80 次 TSG RAN 全会正式完成并发布，这标志着首个真正完整意义的国际 5G 标准正式出炉。

2018 年 2 月 1 日，"绽放杯"5G 应用征集大赛项目申报正式开始。大赛由中国工业和信息化部指导，中国信息通信研究院和 IMT-2020（5G）推进组主办。

2018 年 12 月 1 日，韩国三大运营商 SK、KT 与 LG U＋同步在韩国部分地区推出 5G 服务，这也是新一代移动通信服务在全球首次实现商用。第一批应用 5G 服务的地区为首尔、首都圈和韩国 6 大广域市的市中心，以后将陆续扩大范围。按照计划，韩国智能手机用户 2019 年 3 月份左右可以使用 5G 服务，预计 2020 年下半年可以实现 5G 全覆盖。

2018 年 12 月 10 日，中国工业和信息化部正式对外公布，已向中国电信、中国移动、中国联通发放了 5G 系统中低频段试验频率使用许可。这意味着各基础电信运营企业开展 5G 系统试验所必须使用的频率资源得到保障，向产业界发出了明确信号，进一步推动我国 5G 产业链的成熟与发展。

2019 年 1 月 25 日，中国工业和信息化部副部长陈肇雄在第十七届中国企业发展高层论坛上表示，在各方共同努力下，我国 5G 发展取得明显成效，已具备商用的产业基础。

2019 年 4 月 3 日，韩国电信公司（KT）、SK 电讯株式会社以及 LG U＋三大韩国电信运营商正式向普通民众开启第五代移动通信（5G）入网服务。

2019 年 4 月 3 日，美国最大电信运营商 Verizon 宣布，即日起在芝加哥和明尼阿波利斯的城市核心地区部署"5G 超宽带网络"。

2019 年 6 月 6 日，中国工业和信息化部正式向中国电信、中国移动、中国联通、中国广电发放 5G 商用牌照，中国正式进入 5G 商用元年。

2019 年 10 月，5G 基站正式获得了中国工业和信息化部入网批准。中国工业和信息化部颁发了国内首个 5G 无线电通信设备进网许可证，标志着 5G 基站设备将正式接入公用电信商用网络。

2019 年 10 月 31 日，三大运营商公布 5G 商用套餐，并于 11 月 1 日正式上线 5G 商用套餐。2020 年 3 月 24 日，工信部发布关于推动 5G 加快发展的通知，全力推进 5G 网络建设、应用推广、技术发展和安全保障，特别提出支持基础电信企业以 5G 独立组网为目标加快推进主要城市的网络建设，并向有条件的重点县镇逐步延伸覆盖。

2020 年 6 月 1 日，中国工业和信息化部部长苗圩在两会"部长通道"接受媒体采访时说，2020 年以来 5G 建设加快了速度，虽然疫情发生后，1～3 月份发展受到影响，但各企业正在加大力度，争取把时间赶回来。目前，中国每周增加 1 万多个 5G 基站。4 月份，5G 客户增加了 700 多万户，累计超过 3600 万户。

2020 年 9 月 5 日，中国工业和信息化部部长肖亚庆在中国国际服务贸易交易会举行的数字贸易发展趋势和前沿高峰论坛上表示，当前中国 5G 用户已超过 6000 万，2020 年将推动 5G 大规模商用。

2020 年 12 月 22 日，在此前试验频率基础上，中国工业和信息化部向中国电信、中国移动、中国联通三家基础电信运营企业颁发 5G 中低频段频率使用许可证。同时许可部分现有 4G 频率资源重耕后用于 5G，加快推动 5G 网络规模部署。

2021 年 2 月 23 日，中国工业和信息化部副部长刘烈宏出席 2021 年世界移动通信大会（上海），在大会数字领导者闭门会议上，刘烈宏表示，5G 赋能产业数字化发展，是 5G 成功商用的关键。

2021 年 3 月 8 日，在十三届全国人大四次会议第二场"部长通道"上，中国工业和信息化部部长肖亚庆表示，我国数字经济发展正大步向前，截至 2020 年底，我国已累计建成 5G 基站 71.8 万个，"十四五"期间，我国将建成系统完备的 5G 网络，5G 垂直应用的场景将进一步拓展。

2021 年 4 月 19 日，在国新办举行的政策例行吹风会上，中国工业和信息化部副部长刘烈宏表示，我国已初步建成了全球最大规模的 5G 移动网络。

中国工业和信息化部、中央网信办、国家发展改革委等十部门印发《5G 应用"扬帆"行动计划（2021—2023 年）》，提出到 2023 年，我国 5G 应用发展水平显著提升，综合实力持续增强。

中国工业和信息化部起草编制的《5G 应用"扬帆"行动计划（2021—2023 年）》征求意见中提出，到 2023 年，我国 5G 应用发展水平显著提升，综合实力持续增强，5G 个人用户普及率将超 40%，用户数超过 5.6 亿。

四、5G 的性能指标

1）峰值速度需要达到 10 ~ 20Gbit/s，以满足高清视频、虚拟现实等大数据量传输。

2）空中接口时延需低至 1ms，满足自动驾驶、远程医疗等实时监控应用。

3）具备百万连接/km^2 的设备连接能力，满足物联网通信的容量需求。

4）频谱效率要比 LTE 提升 3 倍以上。

5）连续广域覆盖和高移动性下，用户体验速率达到 100Mbit/s。

6）流量密度达到 10Mbit/s/m^2 以上。

7）移动性支持 500km/h 的高速移动，以满足高铁或将来更高速的运输工具的要求。

五、5G 的关键技术

（一）概要

在 5G 研发刚起步的情况下，如何建立一套全面的 5G 关键技术评估指标体系和评估方法，实现客观有效的第三方评估，服务技术与资源管理的发展需要，同样是当前 5G 技术发展所面临的重要问题。

2013 年 12 月，我国第四代移动通信（4G）牌照发放，4G 技术正式走向商用。与此同时，面向下一代移动通信需求的第五代移动通信（5G）的研发也早已在世界范围内如火如荼地展开。5G 研发的进程如何，在研发过程中会遇到哪些问题？

在 5G 研发刚起步的情况下，如何建立一套全面的 5G 关键技术评估指标体系和评估方法，实现客观有效的第三方评估，服务技术与资源管理的发展需要，同样是当前 5G 技术发展所面临的重要问题。

作为国家无线电管理技术机构，国家无线电监测中心（以下简称监测中心）正积极参与到 5G 相关的组织与研究项目中。目前，监测中心频谱工程实验室正在大力建设基于面向服务的架构（SOA）的开放式电磁兼容分析测试平台，实现大规模软件、硬件及高性能测试仪器仪表的集成与应用，将为无线电管理机构、科研院所及业界相关单位等提供良好的无线电系统研究、开发与验证实验环境。面向 5G 关键技术评估工作，监测中心计划利用该平台搭建 5G 系统测试与验证环境，从而实现对 5G 各项关键技术客观高效的评估。

为充分把握 5G 技术命脉，确保与时俱进，监测中心积极投入 5G 关键技术的跟踪梳理与研究工作当中，为 5G 频率规划、监测以及关键技术评估测试验证等工作提前进行技术储备。下面对其中一些关键技术进行剖析和解读。

（二）5G 关键技术解读

5G 国际技术标准重点满足灵活多样的物联网需要。在 OFDMA 和 MIMO 基础技术上，5G 为支持三大应用场景，采用了灵活的全新系统设计。在频段方面，与 4G 支持中低频不同，考虑到中低频资源有限，5G 同时支持中低频和高频频段，其中中低频满足覆盖和容量需求，高频满足在热点区域提升容量的需求，5G 针对中低频和高频设计了统一的技术方案，并支持百 MHz 的基础带宽。为了支持高速度传输和更优覆盖，5G 采用 LDPC、Polar 新型信道编码方案、性能更强的大规模天线技术等。为了支持低时延、高可靠性，5G 采用短帧、快速反馈、多层/多站数据重传等技术。

1. 高频段传输

移动通信的传统工作频段主要集中在 3GHz 以下，这使得频谱资源十分拥挤，而在高频段（如毫米波、厘米波频段）可用频谱资源丰富，能够有效缓解频谱资源紧张的现状，可以实现极高速短距离通信，支持 5G 容量和传输速度等方面的需求。

高频段在移动通信中的应用是未来的发展趋势，业界对此高度关注。足够量的可用带宽、小型化的天线和设备、较高的天线增益是高频段毫米波移动通信的主要优点，但也存在传输距离短、穿透和绕射能力差、容易受气候环境影响等缺点。射频器件、系统设计等方面的问题也有待进一步研究和解决。

监测中心目前正在积极开展高频段需求研究以及潜在候选频段的遴选工作。高频段资源虽然目前较为丰富，但是仍需要进行科学规划，统筹兼顾，从而使宝贵的频谱资源得到最优配置。

2. 新型多天线传输

多天线技术经历了从无源到有源，从二维（2D）到三维（3D），从高阶 MIMO 到大规模阵列的发展，将有望实现频谱效率提升数十倍甚至更高，是目前 5G 技术重要的研究方向之一。

由于引入了有源天线阵列，基站侧可支持的协作天线数量将达到 128 根。此外，原来的 2D 天线阵列拓展成为 3D 天线阵列，形成新颖的 3D – MIMO 技术，支持多用户波束智能赋型，减少用户间干扰，结合高频段毫米波技术，将进一步改善无线信号覆盖性能。

针对大规模天线信道测量与建模、阵列设计与校准、导频信道、码本及反馈机制等问题进行研究，未来将支持更多的用户空分多址（Space Division Multiple Access，SDMA），显著降低发射功率，实现绿色节能，提升覆盖能力。

3. 同时同频全双工

同时同频全双工技术吸引了业界的注意力。利用该技术，在相同的频谱上，通信的收发双方同时发射和接收信号，与传统的 TDD 和 FDD 方式相比，理论上可使空口频谱效率提高 1 倍。

全双工技术能够突破 FDD 和 TDD 方式的频谱资源使用限制，使得频谱资源的使用更加灵活。然而，全双工技术需要具备极高的干扰消除能力，这对干扰消除技术提出了极大的挑战，同时还存在相邻小区同频干扰问题。在多天线及组网场景下，全双工技术的应用难度更大。

4. D2D 模式

传统的蜂窝通信系统的组网方式是以基站为中心实现小区覆盖，而基站及中继站无法移动，其网络结构在灵活度上有一定的限制。随着无线多媒体业务不断增多，传统的以基站为中心的业务提供方式已无法满足海量用户在不同环境下的业务需求。

D2D 技术无需借助基站的帮助就能够实现通信终端之间的直接通信，拓展网络连接和接入方式。由于短距离直接通信，信道质量高，D2D 能够实现较高的数据速度、较短的延时和较低的功耗；通过广泛分布的终端，能够改善覆盖，实现频谱资源的高效利用；支持更灵活的网络架构和连接方法，提升链路灵活性和网络可靠性。

目前，D2D 采用广播、组播和单播技术方案，未来将发展其增强技术，包括基于 D2D 的中继技术、多天线技术和联合编码技术等。

61

5. 密集网络

在 5G 通信中，无线通信网络正朝着网络多元化、宽带化、综合化、智能化的方向演进。随着各种智能终端的普及，数据流量将出现井喷式的增长。未来数据业务将主要分布在室内和热点地区，这使得超密集网络成为实现未来 5G 的 1000 倍流量需求的主要手段之一。

超密集网络能够改善网络覆盖，大幅度提升系统容量，并且对业务进行分流，具有更灵活的网络部署和更高效的频率复用。未来，面向高频段大带宽，将采用更加密集的网络方案，部署小小区/扇区将高达 100 个以上。

与此同时，越发密集的网络部署也使得网络拓扑更加复杂，小区间干扰已经成为制约系统容量增长的主要因素，极大地降低了网络能效。干扰消除、小区快速发现、密集小区间协作、基于终端能力提升的移动性增强方案等，都是目前密集网络方面的研究热点。

6. 新型网络架构

目前，长期演进（Long Term Evolution，LTE）技术网络接入采用网络扁平化架构，减小了系统延时，降低了建网成本和维护成本。未来 5G 可能采用无线接入网络（Radio Access Network，C - RAN）接入网架构。C - RAN 是基于集中化处理、协作式无线电和实时云计算构架的绿色无线接入网构架。

C - RAN 的基本思想是通过充分利用低成本高速光传输网络，直接在远端天线和集中化的中心节点间传送无线信号，以构建覆盖上百个基站服务区域，甚至上百平方千米的无线接入系统。C - RAN 架构适于采用协同技术，能够减小干扰，降低功耗，提升频谱效率，同时便于实现动态使用的智能化组网，集中处理有利于降低成本，便于维护，减少运营支出。

其研究内容包括 C - RAN 的架构和功能，如集中控制、基带池远端射频单元（Remote Radio Frequency Unit，RRU）接口定义、基于 C - RAN 的更紧密协作，如基站簇、虚拟小区等。

全面建设面向 5G 的技术测试评估平台能够为 5G 技术提供高效客观的评估机制，有利于加速 5G 研究和产业化进程。5G 测试评估平台将在现有认证体系要求的基础上平滑演进，从而加速测试平台的标准化及产业化，有利于我国参与未来国际 5G 认证体系，为 5G 技术的发展搭建腾飞的桥梁。

未来智能实验室致力于研究互联网与人工智能未来发展趋势，观察评估人工智能发展水平，由《互联网进化论》作者，计算机专业博士刘锋与中国科学院虚拟经济与数据科学研究中心石勇、刘颖教授创建。

未来智能实验室的主要工作包括建立 AI 智能系统智商评测体系，开展世界人工智能智商评测；开展互联网（城市）云脑研究计划，构建互联网（城市）云脑技术和企业图谱，提升企业、行业与城市的智能水平服务。

5G 采用全新的服务化架构，支持灵活部署和差异化业务场景。5G 采用全服务化设计，模块化网络功能，支持按需调用，实现功能重构；采用服务化描述，易于实现能力开放，有利于引入 IT 开发实力，发挥网络潜力。5G 支持灵活部署，基于网络功能虚拟化（Network Function Virtualization，NFV）/软件定义网络（Software Defined Network，SDN），实现硬件和软件解耦，以及控制和转发分离；采用通用数据中心的云化组网，网络功能部署灵活，资源调度高效；支持边缘计算，云计算平台下沉到网络边缘，支持基于应用的网关灵活选择和边缘分流。通过网络切片满足 5G 差异化需求，网络切片是指从一个网络中选取特定的特性和功能，定制出的一个逻辑上独立的网络，它使得运营商可以部署功能、特性服务各不相同的多个逻辑网络，分别为各自的目标用户服务，目前定义了 3 种网络切片类型，即增强移动宽带、低时延高可靠、大连接物联网。

（三）我国华为推出的 5G 网络关键技术详解

中国华为公司主推的 Polar Code（极化码）方案，成为 5G 控制信道 eMBB 场景编码方案。除了编码之外，5G 还有哪些关键技术呢？3GPP 定义了 5G 三大场景。

1. 增强型移动宽带（eMBB）

按照计划能够在人口密集区为用户提供 1Gbit/s 用户体验速率和 10Gbit/s 峰值速度，在流量热点区域，可实现每平方千米数十 Tbit/s 的流量密度。

2. 海量物联网通信（mMTC）

不仅能够将医疗仪器、家用电器和手持通讯终端等全部连接在一起，还能面向智慧城市、环境监测、智能农业、森林防火等以传感和数据采集为目标的应用场景，并提供具备超千亿网络连接的支持能力。

3. 超高可靠低延时通信（uRLLC）

主要面向智能无人驾驶、工业自动化等需要低延时高可靠连接的业务，能够为用户提供毫秒级的端到端延时和接近 100% 的业务可靠性保证。从中可以看出，相对于 4G 通信，5G 通信能够提供覆盖更广泛的信号，而且上网的速度更快、流量密度更大，同时还将渗透到物联网中，实现智慧城市、环境监测、智能农业、工业自动化、医疗仪器、无人驾驶、家用电器和手持通信终端的深度融合，换言之，就是万物互联。

一般来说，物理层都认为是最核心的关键技术，这其中就包括编码，编码一方面可以传递信号，同时编码技术也可以增加抗干扰能力，Turbo2.0、Polar Code、LDPC 分别是目前法国、中国、美国主推的编码方案。

另外一个关键技术就是多址，多址技术指的是解决多个用户同时和基站通信的问题，第一代通信采用的是 FDMA 技术，第二代通信采用的是 TDMA 技术，第三代通信采用的是 CDMA 技术，第四代通信采用的是 OFDMA 技术，5G 时代多址是一个很关键的争夺点，现在的观点是5G中非正交多址接入技术（Non - Orthogonal Multiple - Access，NOMA）。优点如下：

其一，上行的链路级的流量以及支持过载的能力增强了；其二，在给定系统中断的情况下的包到达率增强了。

不过，有学者认为NOMA未必能问鼎5G时代，因为其依旧存在一定变数。

（四）多天线技术

华为5G网络还有一项关键技术就是多天线，多天线是一种增加容量的技术，在理论上能把容量提高很多倍。简单地说，就是在现有多天线的基础上通过增加天线数，配置数十根乃至数百根以上天线，支持数十个独立的空间数据流，实现用户系统频谱效率的大幅度提升。现在比较流行的是大规模天线（Massive MIMO）技术，Massive MIMO的好处在哪里呢？

1）可以提供丰富的空间自由度，支持空分多址SDMA；
2）BS能利用相同的时频资源为数十个移动终端提供服务；
3）提供了更多可能的到达路径，提升了信号的可靠性；
4）提升小区峰值吞吐率；
5）提升小区平均吞吐率；
6）降低了对周边基站的干扰；
7）提升小区边缘用户平均吞吐率。

5G为什么要用Massive MIMO技术？因为5G虽然可以使用低于6GHz的低频频段，但是由于低频频段的资源有限，而5G对带宽的需求量又很大，所以大部分5G网络会部署在高频频段，即毫米波频段（mmWave）。在为5G寻找合适的技术时，不能忽略5G的这个特征。

从无线电波的物理特征来看，如果使用低频频段或者中频频段，则可以实现天线的全向收发，至少可以在一个很宽的扇面上收发。但是，当使用高频频段（如毫米波频段）时却别无选择，只能使用包括了很多天线的天线阵列，使用多天线阵列的结果是波束变得非常窄。为什么在毫米波频段只能使用多天线阵列呢？

因为在理想传播模型中，当发射端的发射功率固定时，接收端的接收功率与波长的二次方、发射天线增益和接收天线增益成正比，与发射天线和接收天线之间的距离的二次方成反比。在毫米波段，无线电波的波长是毫米数量级的，所以又被称作毫米波。而2G/3G/4G使用的无线电波是分米波或厘米波。由于接收功率与波长的二次方成正比，因此与厘米波或者分米波相比，毫米波的信号衰减非常严重，导致接收天线接收到的信号功率显著减少。发射功率不可能随意增加，因为国家对天线功率有上限限制；也不可能改变发射天线和接收天线之间的距离，因为移动用户随时可能改变位置；发射天线和接收天线的增益也不可能无限提高，因为这受制于材料和物理规律。唯一可行的解决方案是：增加发射天线和接收天线的数量，即设计一个多天线阵列。

3GPPR1 - 136362 对 5G 引入 Massive MIMO 的动机做了很好的总结：随着移动通信使用的无线电波频率的提高，路径损耗也随之加大。但是，假设使用的天线尺寸相对无线波长是固定的，比如 1/2 波长或者 1/4 波长，那么载波频率提高意味着天线变得越来越小。这就是说，在同样的空间里，可以塞入越来越多的高频段天线。基于这个事实，就可以通过增加天线数量来补偿高频路径损耗，而又不会增加天线阵列的尺寸。使用高频率载波的移动通信系统将面临改善覆盖和减少干扰的严峻挑战。一旦频率超过 10GHz，衍射将不再是主要的信号传播方式；对非视距传播链路来说，反射和散射才是主要的信号传播方式。同时，在高频场景下，穿过建筑物的穿透损耗也会大幅度增加。这些因素都会大幅度增加信号覆盖的难度。特别是对室内覆盖来说，用室外宏站覆盖室内用户变得越来越不可行。而使用 Massive MIMO（即天线阵列中的许多天线），能够生成高增益、可调节的赋形波束，从而明显改善信号覆盖，并且由于其波束非常窄，可以大幅度减少对周边的干扰。

多天线阵列无疑是把双刃剑。很明显，多天线阵列的大部分发射能量聚集在一个非常窄的区域，这意味着使用的天线越多，波束宽度越窄。多天线阵列的好处在于不同的波束之间、不同的用户之间的干扰比较少，因为不同的波束都有各自的聚焦区域，这些区域都非常小，彼此之间不大有交集。多天线阵列的不利之处在于系统必须用非常复杂的算法来找到用户的准确位置，否则就无法精准地将波束对准这个用户。因此，不难理解，波束管理和波束控制对 Massive MIMO 的重要性。

大规模 MIMO 技术不仅能够在不增加频谱资源的情况下降低发射功率、减小小区内以及小区间的干扰，还能实现频谱效率和功率效率在 4G 的基础上再提升一个量级。此外，射频调制解调技术也属于关键技术。

（五）关于核心专利的冷静思考

所谓核心专利，是指能在物理层方面做出基础性的创新并掌握话语权的专利技术。所谓话语权就是一旦技术商用后，就具备技术实力，比如高通在 3G 时代掌握拥有软切换和功率控制两大核心专利以及两千项外围专利，具备了向爱立信、华为、诺基亚、中兴等全球通信厂商征收"高通税"的技术资本。华为如果仅凭一项 Polar 码是难以构成核心专利的，而且 Polar 码也并非华为的原创。

美国高通主推的 LDPC 是由国际信息领域泰斗 Gallager 在大约 50 年前提出，经过 50 多年的发展和改进，技术已经非常成熟，虽然由于提出的时间较早，部分理念已经不能称之为先进，但经过多次改进和扩展，依旧是非常优秀的技术。

法国主推的 Turbo 2.0 是 Turbo 的延伸和发展，Turbo 码是 4G 时代使用的编码之一，在技术上同样非常成熟。而中国主推的 Polar 码是由土耳其毕尔肯大学（Bilkin University）Erdal Arikan 教授（是 Gallager 的学生）在 2008 年首次提出的，Polar 码的优势在于纠错能力强，而且是世界上唯一一种已知的能够被严格证明达到信道容量的信道编码方法，这对于高带宽网络的规范管理具有重要的意义，在某些应用场景中已经取得了和 Turbo 码及 LDPC 码相同或更优的性能。但劣势也非常明显，就是诞生时间太短，技术不够成熟。

本次 Polar 码战胜 LDPC 码和 Turbo 码赢得的是 eMBB 场景短码控制信道。而 3GPP 定义了 5G 三大场景，即增强型移动宽带（eMBB）、海量物联网通信（mMTC）、低延时高可靠通信（uRLLC）。而华为这次仅获得了 eMBB 场景中短码的控制信道，而高通却斩获了 eMBB 场景的长码和短码的编码信道，而且 mMTC 和 uRLLC 场景的编码方案还悬而未决。抛开多址技术、多天线技术、射频调制解调技术等关键技术，仅凭在编码上取得了 eMBB 场景中短码的控制信道，还远远不够对 5G 核心技术的控制。

所以在编码标准的制定上占据一席之地，是中国通信产业取得的胜利以及实力的体现，但还不是制胜 5G 技术的全部。

六、5G 的主要应用领域

（一）工业领域应用

5G 在工业领域的应用涵盖研发设计、生产制造、运营管理及产品服务 4 个大的工业环节，主要包括 16 类应用场景，分别为：AR/VR 研发实验协同、AR/VR 远程协同设计、远程控制、AR 辅助装配、机器视觉、AGV 物流、自动驾驶、超高清视频、设备感知、物料信息采集、环境信息采集、AR 产品需求导入、远程售后、产品状态监测、设备预测性维护、AR/VR 远程培训。当前，机器视觉、AGV 物流、超高清视频等场景已取得了规模化复制的效果，实现"机器换人"，大幅度降低人工成本，有效提高产品检测准确率，达到了生产效率提升的目的。未来预计在远程控制、设备预测性维护等场景中将会产生较高的商业价值，5G 在工业领域丰富的融合应用场景将为工业体系变革带来极大潜力，使能工业智能化发展。

1. 5G 在工业领域应用的特点和优势

虽然当前 5G + 工业互联网仍存在一些问题和挑战，但是 5G 技术本身也在不断地发展和完善中。5G + 工业互联网正在从点状示范应用逐步向面状应用和系统应用发展。这一过程需要产业生态圈内各类企业协同合作，共同发现产业需求、创新应用和探索并践行商业模式，以实现 5G + 工业互联网的良性发展。

工业制造是中国经济发展和参与大国竞争的基石，也是振兴实体经济的重要抓手。工业互联网则是实现工业全系统、全产业链、全价值链连接和支撑工业智能化发展的关键基础设施，是新一代信息技术与制造业深度融合所形成的新兴业态和应用模式，是互联网从消费领域向生产领域，从虚拟经济向实体经济拓展的核心载体。

工业互联网作为关键基础设施、全新工业生态和新型应用模式，其精髓及优势在于规模化的资源调度与共享。通过人、机、物的全面互联，以及全要素、全产业链、全价值链的全面连接，工业互联网正在不断改变传统的制造模式、生产组织方式和产业形态，推动传统产业加快转型升级，加速新兴产业发展壮大。

在 5G 为工业互联数据流动提供重要无线网络保障的同时，工业互联网为 5G 提供了广阔的应用场景。目前，5G + 工业互联网主要应用在工业设计、工业制造、质检、运维、控制、营销展示等关键环节中，并形成了工业三维图像、移动视觉、远程运维与远程操控、无人巡检、数据采集等系列化的典型应用场景。未来，5G 将逐步向工厂现场控制层面延伸。

除了人们熟知的 3 个特点之外，5G 在工业领域的几个比较重要特征包括：

1）网络切片：网络切片是 5G 网络不同于其他网络的一个重要的特征，也就是说，一张物理网络可以虚拟出不同的子网络，以满足工业领域不同业务的应用场景要求。整个 5G 网络还支持端到端的编排管理，可以根据不同的业务要求进行弹性扩张或者收缩。

2）低时延通信：在工业领域的超可靠低时延通信（uRLLC）。目前，R16 标准已经被冻结，uRLLC 标准在原有的增强移动宽带（eMBB）的基础上，延时得到了进一步缩短。

在 eMBB 场景下跨核心网网元时，整个端到端延时在理想情况下为 20ms 左右。即使是单向的控制指令，从云端发到终端，延时也需要 6ms 左右。在 uRLLC 标准出来之后，整个端到端时延可以达到 5ms。如果单向地从云端向终端发射指令，则延时可以小于 1ms。uRLLC 奠定了 5G 在工业领域应用的地位。

3）延时抖动和确定性：除了低延时之外，5G 还有一个更重要的特点是延时抖动和确定性。与其他消费领域应用不同，工业领域应用要求不仅延时要低，还要保证延时的确定性，即同样一个指令，这次 1ms 送达，下次还要 1ms 送达，而不是这次 1ms 送达，下次 20ms 才送达。这是因为延时抖动和不确定性将对工业领域的生产造成很大影响，甚至可能会造成灾难性的事故。通过 5G 面向传输隧道时间标签技术和控制技术，可以把延时抖动控制在微秒级，以保证报文次序的收发，这对工业现场网络是非常重要的。

2. 我国工业网络面临的问题和挑战

当前，我国工业网络仍面临诸多问题，主要体现在以下 3 个方面：

1）不够开放和友好，这是由传统工业厂家的格局和市场决定的。大多数的工业协议都是封闭化的结构设计，拥有严格控制的对外接口。

2）不够弹性和灵活，扩展和调整的难度比较大。

3）不适应业务发展的需要，部署和运维的成本比较高。由于工业网络涉及有线和各类无线，加之现场都有应用，所以它难以融合新技术的变革，对现有技术和架构产生了很大的阻碍影响。

现有工业无线网络尚存在的挑战还包括：

1）可靠性和稳定性。工业场合对可靠性和稳定性的要求比较高，而无线传输的可靠性、稳定性与有线的方式相比还不具备突出优势。

2）刷新速度。工业系统对刷新速度要求比较高，而无线通信较难实现高速刷新，同时难以实现大量终端的同时在线连接。

3）网络安全。无线网络被入侵和干扰的风险较高，网络安全得不到保障。

4）传感器无线供电。虽然无线网络缩短了通信的线路，但是仍解决不了供电线的问题。对传感器进行无线供电目前仍是一个无法产业化的问题。

5）无线工业领域协议及标准。有线领域的标准协议历经几十年才逐渐规范，在无线工业领域，这些协议又需要被重新定义一遍。

6）电磁辐射和干扰。由于很多无线网络会产生电磁辐射，所以在面向特殊行业（石油、井工矿等）时，必须考虑防爆和隔爆的特殊要求。

3. 5G面向企业内网建设的模式

1）纯粹的专网模式：这种模式的好处是企业的数据是完全自由的，与外界是不发生关系的，安全性也是最高的，但是目前中国还没有专用的5G频段。

2）企业自建核心网，基站与公网共享模式：在这种网络的布局架构下，终端的登记、注册以及数据流都是在企业内网。目前，中兴通讯在宝武湛江钢铁完成的中国首家5G核心网就是这种模式的典型案例。

3）核心网用户面功能（User Plane Function，UPF）下沉模式：这也是现在90%以上的企业都采用的建网模式，也就是说核心网和基站都是与运营商共享的。共享时，企业在终端登记时要到公网去，但是它的数据流不会到公网去，而是在企业内网。这种模式也是目前业界通过运营商网络建设的主流模式。

4. 5G+工业互联网规模商用

5G在工业互联网的规模商用将经过3个主要阶段：

1）在短期内，要完成5G网络的规模化建设。但是现在面临的问题是建了网络之后谁来用？怎么样去吸引工业企业来使用5G网络？这时就需要利用有特色的业务引导这些企业来使用5G网络。

2）在中期，要逐步取代车间现有的有线或无线IP网络。这是因为5G本身就是一个高速可靠又能够适应工业应用需求的无线网络。

3）在远期，要在这个网络的基础之上寻求一些突破，比如替代现在的现场总线、促进改变一些工控现场的产品形态等。这就好比之前在4G出现时人们并没有想到微信、短视频和移动支付像今天这么流行一样，在中远期希望通过 5G 技术，来产生更多工业领域的应用。

5. 5G + 工业互联网的实践探索

在 5G + 工业互联网应用场景方面，经过近两年的探索，中兴通讯已经探索出很多的 5G + 工业应用模式。

这些应用总体上可分为 6 大类。在 5G + 工业互联网领域，中兴通讯已经与运营商及其他合作伙伴联合打造了几十个 5G 示范或商用项目。比如：

1）在南京滨江制造基地，中兴通讯中标 2020 年首批中国发展和改革委员会新基建工程，规划了 16 大类 40 种应用场景。目前该工程第一阶段已经完成了 10 个场景的应用，包括机器视觉、远程 AR 指导、云化自动导引运输车（AGV）、小站数字孪生以及园区巡检、无人巡逻及清扫等。

2）在鞍山钢铁公司，中兴通讯建设中国首个 4.9GHz 企业专网，在钢铁行业进行带钢的表面检测、电机的监测以及皮带通廊的监视和监测等。

3）在湛江宝武公司，中兴通讯已经归纳了 30 余种应用场景，目前这些场景正在逐步实施落地，同时湛江宝武也是中国第一个企业自建 5G 核心网的典型案例。

通过前期 5G 在工业领域的实践应用，可以看出目前仍有一些问题亟待完善。

首先，在技术层面，5G 在 eMBB 阶段下的延时及抖动无法满足涉及现场控制方面的要求，需要将来 uRLLC 标准落地验证；其次，在容量和带宽方面，对于集中部署或运行的机器视觉及云化 AGV 等应用，以 5G 上行为主，5G 的带宽及容量仍面临挑战；再次，在终端的多样性上，由于 5G 的模组、芯片、产业链仍处于发展阶段，后续随着 5G 在消费领域及垂直行业领域的整体推进，终端的多样性将会需要进一步满足工业领域的要求；最后，在商业模式层面，运营商、通信设备商及工业企业都一直在积极探索新的商业模式。通过分析问题，找到不同企业的刚需，挖掘 5G 新业务，来促进商业模式的逐步明晰。

总之，当前 5G + 工业互联网已经从单点局部的特色业务逐步转变为集成化、系统化的应用。5G 本身是一张网，这张网可以承载不同的业务，如基于 5G 的车间管理和仓储物流；但同时 5G 不仅仅是一张网，5G 如果想发挥它的价值，就需要与运营商、工业方案提供商、工业现场的自动化装备提供商等一起合作。发挥 5G 优势，使之真正服务于工业企业，从而促进中国制造业的转型升级。

（二）车联网与自动驾驶领域的应用

5G 车联网助力汽车、交通应用服务的智能化升级。5G 网络的大带宽、低延时等特性，支持实现车载 VR 视频通话、实景导航等实时业务。借助于车联网

C－V2X（包含直连通信和5G网络通信）的低延时、高可靠性和广播传输特性，车辆可实时对外广播自身定位、运行状态等基本安全消息，交通灯或电子标志标识等可广播交通管理与指示信息，支持实现路口碰撞预警、红绿灯诱导通行等应用，显著提升车辆行驶安全和出行效率，后续还将支持实现更高等级、复杂场景的自动驾驶服务，如远程遥控驾驶、车辆编队行驶等。5G网络可支持港口岸桥区的自动远程控制、装卸区的自动码货以及港区的车辆无人驾驶应用，显著缩短自动导引运输车控制信号的延时以保障无线通信质量与作业可靠性，可使智能理货数据传输系统实现全天候全流程的实时在线监控。

1. 车联网、5G和自动驾驶的关系

车联网，也叫V2X（Vehicle to Everything）。简单来讲，就是车联网想把道路上所有出现的物体都通过网络连接起来。当然这只是一些理想情况，狭义的车联网，就是把车和道路、车和车通过网络连起来。如此一来，车辆现在不是孤立的个体了，而可以从外界获取信息，这些信息自然可以带来一些好处。举个例子，像车载电话、车载导航这些功能都属于车联网的应用，其实就是车辆通过网络可以获取一些电话、地图的信息，如图3-8所示。

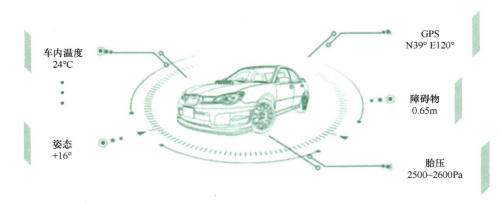

图3-8　车联网对车辆自身数据的采集示意图

进一步来讲，可以获取车辆自身的信息，当车辆超速时，车联网的传感设备获取到这个信息，既可以提醒驾驶人，也可以提醒周围入网的车辆小心驾驶，这样带来的好处就是驾驶更安全了。同时也可以获取其他车辆的信息、获取红绿灯的情况。通过大数据，对数据进行分析，更好地规划引导车辆，可以减少堵车的情况。上述应用体现出车联网的组织结构。

2. 车联网的参考模型

1）数据感知层：利用各种传感器、RFID技术，采集各种数据。数据感知层既可以采集车辆自身数据，如运行速度、位置、加速度等；也可以感知外界环境，如交通信号、周围车辆的速度方位等状态、道路拥堵状态；还可以通过后台中心获取数据，如天气、某些特殊调度指令。

2）网络传输层：车车、车路、车云之间实现数据传输，根据实际需求会采用不同的通信技术手段。

3）应用层：基于这些数据衍生出一些实际的业务需求，如前所述，可以用来预测堵车，也可以用来提高驾驶安全性。

3. 关于自动驾驶

自动驾驶比较好理解，其终极目的就是让车能自己在路上开，以前的驾驶人可以在车上作为乘客享受。在实现终极目标之前，制定了几个阶段性目标。自动驾驶的级别如下：

0 级：完全依赖人。

1 级：具有简单的自动化控制功能。

2 级：汽车成为驾驶主体。

3 级：车辆在自动驾驶难以执行时，可以指示驾驶员切换为手动驾驶。

4 级：完全无人驾驶。

4. 车联网和自动驾驶的关系

在没有车联网之前，自动驾驶是靠各种设备实现的。自动驾驶采用了多种传感器，典型的有下面四个。

1）相机：拍照，获取图像信息。

2）毫米波雷达：对前方的障碍物进行检测，对汽车的左、右、后面做盲区检测。

3）超声波雷达：常用作倒车雷达，适合低速、短距离的障碍物探测。

4）激光雷达：获取三维信息和一些物体自身的特点，如反射率，用于汽车周边的障碍物检测。

相机能获取颜色信息，很容易从图像中相邻两帧上的同一个物体，但是图像难以获得距离信息，激光雷达正好和它相反。各个传感器各有优劣，相互弥补，使自动驾驶取得自测的效果。

5. 车联网和 5G 的关系

为什么直到 5G 时代，车联网才得以推广？原因就是 5G 更快，能满足车联网的需求。一方面，车联网想把很多东西都入网，现在很多路段，车流量很大，这个通信网络里，数据传输量是很大的，稳定性也有很大挑战。另一方面，一辆高速行驶的车辆，大量的信息要在短时间内处理完，这个前提是这些信息要能在短时间内完成收发。因此，需要极快的通信速度。可以看出车联网的核心要求就是，通信网络能够承载足够大的数据量，传输稳定性要高，传输速度要快，而

5G 恰好可以满足这些诉求。

（三）能源领域的应用

在电力领域，能源电力生产包括发电、输电、变电、配电、用电 5 个环节，目前 5G 在电力领域的应用主要面向输电、变电、配电、用电 4 个环节开展，应用场景主要涵盖了采集监控类业务及实时控制类业务，包括输电线无人机巡检、变电站机器人巡检、电能质量监测、配电自动化、配网差动保护、分布式能源控制、高级计量、精准负荷控制、电力充电桩等。当前，基于 5G 大带宽特性的移动巡检业务较为成熟，可实现应用复制推广，通过无人机巡检、机器人巡检等新型运维业务的应用，促进监控、作业、安防向智能化、可视化、高清化升级，大幅提升输电线路与变电站的巡检效率；配网差动保护、配电自动化等控制类业务现处于探索验证阶段，未来随着网络安全架构、终端模组等问题的逐渐成熟，控制类业务将会进入高速发展期，提升配电环节故障定位精准度和处理效率。

在煤矿领域，5G 应用涉及井下生产与安全保障两大部分，应用场景主要包括作业场所视频监控、环境信息采集、设备数据传输、移动巡检、作业设备远程控制等。当前，煤矿利用 5G 技术实现地面操作中心对井下综采面采煤机、液压支架、掘进机等设备的远程控制，大幅度减少了原有线缆维护量及井下作业人员；在井下机电硐室等场景部署 5G 智能巡检机器人，实现机房硐室自动巡检，极大提高检修效率；在井下关键场所部署 5G 超高清摄像头，实现环境与人员的精准实时管控。煤矿利用 5G 技术的智能化改造能够有效减少井下作业人员，降低井下事故发生率，遏制重特大事故，实现煤矿的安全生产。当前取得的应用实践经验已逐步开始规模推广。

5G 在能源领域的应用需要具体的实施方案，还需要拓展一批典型应用场景。

例如电信、联通联合发布 2.1GHz 5G 基站集采公告降低 5G 建网成本。国家发改委、国家能源局、中央网信办、工信部联合发布《能源领域 5G 应用实施方案》，积极推进能源领域 5G 应用。《方案》提出，要充分发挥中央财政资金投资带动作用，引导更多社会资本进入，有序推动能源领域 5G 应用创新示范。

《能源领域 5G 应用实施方案》提出未来 3～5 年，围绕智能电厂、智能电网、智能煤矿、智能油气、综合能源、智能制造与建造等方面拓展一批 5G 典型应用场景，建设一批 5G 行业专网或虚拟专网，探索形成一批可复制、易推广的有竞争力的商业模式。研制一批满足能源领域 5G 应用特定需求的专用技术和配套产品，制定一批重点亟须技术标准，研究建设能源领域 5G 应用相关技术创新平台、公共服务平台和安全防护体系，显著提升能源领域 5G 应用产业基础支撑能力。特别明确了包括智能电厂 + 5G、智能电网 + 5G、智能煤矿 + 5G、智能油

气 +5G、综合能源 + 5G、智能制造与建造 + 5G 在内的特色场景应用。智能电网、智能油气等，能源领域 5G 应用实施方案出炉。另外，在其技术研发层面依然指出了 5G 虚拟专网所需的网络切片、多接入边缘计算、定制化核心网网元、5G LAN 等关键设备研发及产业化。标准方面，也支持推动国内相关机构积极参与 3GPP、ITU 等无线领域权威国际标准组织的标准制定。

支持建设端到端 5G 试验验证网络，搭建智能电厂、智能电网、智能煤矿、智能油气、综合能源、智能制造与建造等 5G 应用场景下相关业务验证环境，开展能源行业特殊环境下 5G 网络性能、网络切片、定制化专网、网络安全、业务安全，以及业务综合承载性能的适应性、安全性和可靠性验证。

支持围绕能源领域 5G 应用相关关键共性技术和配套专用技术，研究建设5G、大数据、人工智能等先进信息技术与能源融合应用相关国家能源研发创新平台。我国已经拥有一批智能电网、智能油气等，能源领域 5G 应用实施方案出炉。

在基建资源共建共享的支持方面，鼓励电网企业与电信运营商、铁塔公司等加强合作，在确保安全、符合规范、责任明确的前提下，通过电力塔杆加挂通信天线和光缆，以及共享电力光缆、纤芯、变电站站址等资源，支撑电信运营商节约、高效建设 5G 网络。支持电力企业与基础电信企业加强对接，对具备条件的基站和机房等配套设施由转供电改为直供电，鼓励变电站微型储能站为电信企业设备供电，支持电信企业参与电力市场化交易。试点应用中，鼓励具备条件的地区和企业，因地、因业制宜地开展能源领域各类 5G 应用试点示范，在技术创新、配套产品、商业模式、发展业态、体制机制等方面深入探索、先行先试。组织开展能源领域 5G 应用创新大赛，遴选一批可复制、易推广的场景和企业标杆应用，培育一批解决方案提供商和融合应用服务商。

（四）医疗领域的应用

5G 通过赋能现有智慧医疗服务体系，提升远程医疗、应急救护等服务能力和管理效率，并催生 5G + 远程超声检查、重症监护等新型应用场景。

5G + 超高清远程会诊、远程影像诊断、移动医护等应用，在现有智慧医疗服务体系上，叠加 5G 网络能力，极大提升远程会诊、医学影像、电子病历等数据传输速度和服务保障能力，如图 3-9 所示。在抗击新冠肺炎疫情期间，解放军总医院联合相关单位快速搭建 5G 远程医疗系统，提供远程超高清视频多学科会诊、远程阅片、床旁远程会诊、远程查房等应用，支援湖北新冠肺炎危重症患者救治，有效缓解抗疫一线医疗资源紧缺问题。

5G + 应急救护等应用，在急救人员、救护车、应急指挥中心、医院之间快速构建5G应急救援网络，在救护车接到患者的第一时间，将病患体征数据、病情图像、急症病情记录等以毫秒级速度、无损实时传输到医院，帮助院内医生做出正确指导并提前制定抢救方案，实现患者"上车即入院"的愿景。

5G＋远程手术、重症监护等治疗类应用，由于其容错率极低，并涉及医疗质量、患者安全、社会伦理等复杂问题，其技术应用的安全性、可靠性需进一步研究和验证，预计短期内难以在医疗领域实际应用。

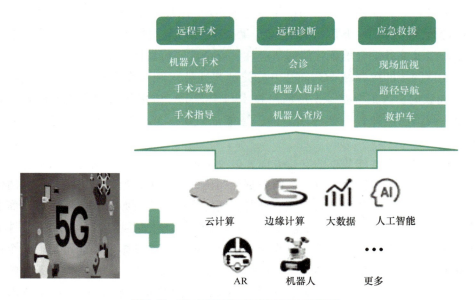

图3-9　5G在医疗行业应用场景示意图

5G在医疗行业应用场景与典型案例

《全国医疗卫生服务体系规划纲要（2015—2020年）》指出，应用新一代信息技术，推动惠及全民的健康信息和智慧医疗服务。

5G网络、云计算、边缘计算和人工智能等技术，与超声机器人、手术机器人、查房机器人和视讯通信等设备的结合，协助医院实现远程诊断、远程手术、应急救援等智慧医疗应用，解决小城市和边远地区医疗资源不足、医疗水平低的问题，使患者得到及时的救助，提升医疗工作效率。远程诊断、远程手术、应急救援是当前5G与医疗结合最紧密的三个应用领域。

1. 远程诊断

截至2019年2月底，我国有医院3.3万个，我国医院资源分布不均衡，80%的医疗资源集中在20%的大城市，导致大医院看病等待时间长，小城市和边远地区看病难等问题。5G远程诊断可支撑边远地区医院的医疗工作，提升医疗专家的工作效率。利用5G网络，及视讯、医用摄像头、超声机器人、查房机器人等设备，实现远程会诊、远程机器人超声和远程查房等应用。

案例1：某大学第一附属医院5G远程诊断。

某大学第一附属医院利用5G网络实现远程诊断和5G远程机器人查房等应用。5G远程诊断：超声专家在医生端操控B超影像系统和力反馈系统，通过5G网络，远程控制患者端的机械臂及超声探头，实现远程超声检查，专家通过4K摄像头可与患者进行视频交互。5G远程机器人查房：通过5G网络，远端医生采用操纵杆或者APP控制软件，控制机器人移动到指定病床，然后调整机器人头部的屏幕和摄像机角度，与患者进行高清视频交互。

2. 远程手术

5G远程手术有利于解决小城市和边远地区病人集中到大城市进行手术的问题，提升小城市和边远地区医院的重大疾病医疗水平。利用5G网络，以及视讯、生命监护仪、医用摄像头、AR智能眼镜、内窥镜头、手术机器人等设备，实现远程机器人手术、远程手术示教和指导等应用。

案例2：某总医院5G远程手术。

某总医院利用5G网络和手术机器人实施远程手术。位于远离现场的神经外科专家，通过5G网络实时传送的高清视频画面，远程操控手术器械，成功为身处某总医院的一位患者完成了"脑起搏器"植入手术。5G网络大带宽与低时延特性，有效地保障了远程手术的稳定性、可靠性和安全性。

案例3：某医学院5G远程手术指导。

某医学院附院医生利用5G网络从医疗数据库中实时查看患者腔镜视像和病案资料，对县级人民医院主刀医生操作给予同步精确指导。会诊中心大屏幕上可以清晰地看到50km以外传输回来的高清视频画面，细微的血管和操作电钩也能清楚地显示，实现了两地"零距离、面对面"交流。

3. 应急救援

5G应急救援可提升救援工作效率和服务水平，为抢救患者生命赢得时间。利用5G网络，及医用摄像头、超声仪、心电图机、生命监护仪、除颤监护仪、AR智能眼镜等设备，实现救护车或现场的应急救援救治远程指导、救护车交通疏导等应用，如图3-10所示。

案例4：某大学附属医院5G救护车远程诊断。

某大学附属医院利用5G网络、远程B超和摄像头等，帮助协作医院的医生获得救护车上的视觉信息，实时监测获取救护车中患者的生命体征数据，如心电图、超声图像、血压、心率、氧饱和度、体温等信息。医护人员通过5G进行人脸识别，迅速连接医疗数据库，确定患者身份，找出了病人档案，在患者到达前进行诊断和手术准备。

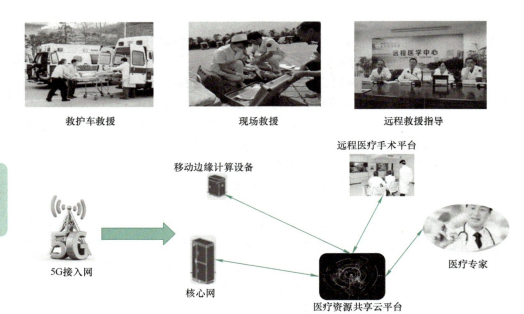

图 3-10　5G 在应急救援中的应用示意图

（五）文旅领域的应用

5G 在文旅领域的创新应用将助力文化和旅游行业步入数字化转型的快车道。5G 智慧文旅应用场景主要包括景区管理、游客服务、文博展览、线上演播等环节，如图 3-11 所示。5G 智慧景区可实现景区实时监控、安防巡检和应急救援，同时可提供 VR 直播观景、沉浸式导览及 AI 智慧游记等创新体验。大幅度提升了景区管理和服务水平，解决了景区同质化发展等痛点问题。5G 智慧文博可支持文物全息展示、5G + VR 文物修复、沉浸式教学等应用，赋能文物数字化发展，深刻阐释文物的多元价值，推动人才团队建设。5G 云演播融合 4K/8K、VR/AR 等技术，实现传统曲目线上线下高清直播，支持多屏多角度沉浸式观赏体验，5G 云演播打破了传统艺术演艺方式，让传统演艺产业焕发了新生。

1. 5G、物联网在文旅场景应用规划

文旅部官网发布的《"十四五"文化和旅游科技创新规划》称，要研究 5G、大数据、人工智能、物联网、区块链等新技术在各类文化和旅游消费场景的应用。研发景区、度假区、休闲城市和街区智能设计技术。

根据规划，科技将全面融入文化和旅游生产和消费各环节。规划要求把握好数字化、网络化、智能化发展机遇，加强重点领域的关键技术研发和创新工程建设，促进文化和旅游高质量发展。

规划称要开展基于云计算的新型公共文化服务载体技术、系统与装备研发。

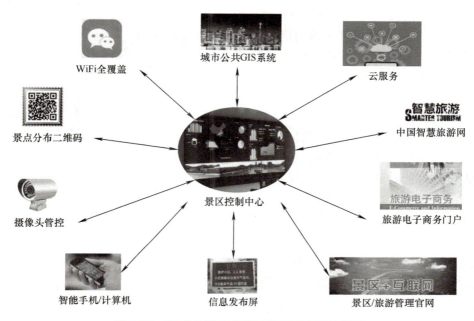

图 3-11 5G 在旅游产业中智慧景区应用示意图

研究公共文化创新性数字资源开发、新型交互方式、精准服务等技术。开展基于大数据、人工智能的旅游"智慧大脑"应用示范。

规划要求开展云展览、云娱乐、线上演播、数字艺术、沉浸式体验等新兴业态的内容生成，定制消费、智慧服务和共治管理的关键技术研究，支持新形态数字艺术关键技术与工具研制，培育数字文化产业新业态。

与此同时，规划称还将积极推动工业互联网和物联网在智能文化装备生产和消费各环节的关键技术研究。研发线下文化资源、文娱模式数字化创新、传统产业上线上云的关键技术。

2. 5G 在智慧旅游领域的应用

5G 在虚拟技术旅游、智慧旅游领域的应用越来越多。2020 年以来，随着 5G 的发展，已经蛰伏三年之久的虚拟现实（Virtual Reality，VR）再次蠢蠢欲动，成为行业内争相竞争的关键议题，VR 再次成为人们关注和讨论的焦点。

VR + 5G 越来越受到大家的青睐，VR 横跨众多领域，如商超、酒店、景区、工场、教育、房产、学校等。如今，VR 在旅游领域也受到了大家的热捧，要问今年流行的旅游形式，当数聚象科技 VR 智慧旅游 + 智慧文旅，如图 3-12 所示。

文旅产业受疫情影响发展滞缓，但同时也推动了旅游产业业态的创新。文化和旅游部多次就"加快文旅产业新型基础设施建设和数字文旅产业产业发展"作出明确指示。明确要求各地区要拓展数字文旅产业合作，加强 5G、VR 虚拟技术等在智慧旅游、VR 旅游、VR 文创、VR 文旅、智慧景区领域的应用，助力文旅产业的智慧升级。5G 在智慧景区应用系统如图 3-13 所示。

图 3-12　5G 在文旅行业的 VR 应用

VR 智慧旅游和智慧文旅文创能给游客们带来了新的体验方式，它通过全景立体的展示，能够把景区的各个景点真实呈现在游客面前，让游客随时随地都能够欣赏美景。而聚象科技 VR 智慧旅游 + 智慧文旅也以其丰富的智慧景区经验，为景区提供智慧化的解决方案，帮助景区吸引更多客源。通过 VR 智慧景区 + 智慧文旅，游客可在线上进行"云旅游"，无论是千年古镇，还是魅力都市，纷纷映入游客眼帘，给游客们带来沉浸式体验。不管春夏秋冬，寒冷酷暑，游客们都能突破时间、空间和地域的限制，游览各大景区的景色。旅程线路规划，打造新体验。游客们出行前，可通过 VR 智慧景区了解景点的特征，根据自己的游览需求，记录相关信息，以方便在景区的观赏游玩，进行犹如身临其境般的体验游览景区。同时还可以在线进行景点周边、餐饮住宿等商家的信息搜索查询，线上预订等服务，大大方便游客出行，提升游客体验度。便捷省时，提升游客满意度。游客在景区游览的同时，可通过 VR 智慧景区系统感受有声文化地图、智能路线导览、语音讲解等带来的便捷之处，充分了解景区文化，随时查找自身的所在位置，节省游客时间，方便游客出行，促进景区的发展。

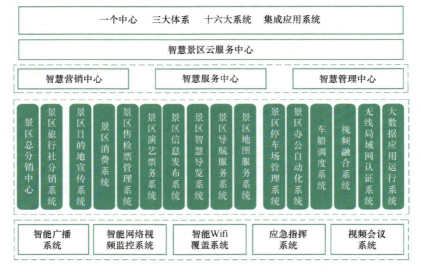

图 3-13　5G 在智慧景区应用系统展示图

多媒体嵌套分享，带动游客实际到访量聚象科技的 VR 智慧景区旅游能够将语音嵌入到景区的 3D 实景当中，增强景区的整体感染力，提升景区的整体形象，并通过音频解说等功能使游客全方位感受景区的魅力风采。同时，游客还可以将自己喜欢的景区场景通过社交平台分享出去，以吸引更多潜在的游客群体，提高景区的游客实际到访量。5G、VR 等现代化信息技术的应用，不仅能有效化解疫情对文旅产业发展的冲击，同时也能解决旅游景区在文旅管理、文旅服务及营销等方面的痛点、难点问题。推动文旅产业逐步走向数字化，推动旅游业线上线下一体化发展。

（六）5G 消息

5G 消息是短信业务的升级，是运营商的一种基础电信服务，基于 IP 技术实现业务体验的飞跃，支持的媒体格式更多，表现形式更丰富。5G 消息基于 GS-MA RCS Universal Profile 构建，要求终端及运营商网络支持 GSMA RCS Universal Profile 2.4 版及后续版本。

2021 年 3 月 3 日，新华网重磅推出全国两会 5G 消息模拟体验产品，带你全新视角看两会。这是新华网继发布传媒行业首个 5G 消息应用标准后，在 5G 应用领域的又一次重大突破。2021 年 4 月 15 日，第八届中国（上海）国际技术进出口交易会上，大汉三通控股集团有限公司亮相科技创新展区，此次展出了 5G RCS 在电商等各垂直领域的应用，包括智能门锁识别系统、沉浸式游戏互动等。

1. 5G 消息走进现实

例如，亚太 5G 消息应用大会报道称，梦网科技领衔推动 5G 消息走进现实。随着标准、技术的不断升级和革新，5G 消息的商用正逐渐从理想照进现实。2021 年 6 月 17 日，由众视 Tech 联合中兴通讯共同举办的"亚太 5G 消息应用大会"在北京正式召开，超过 300 位来自产业链各方的领导专家、产业学者、合作伙伴参加了本次大会，梦网科技作为产业方主要代表列位出席。

此次会议通过 5G 消息主题报告会、5G 消息运营平台论坛以及 5G 消息应用开发论坛三大板块，从不同维度共话 5G 消息领域的创新应用和技术突破。大会得到了来自通信行业及 5G 消息相关产业链的多方助力，包括中国移动通信联合会执行会长倪健中、中国通信标准化协会副理事长兼秘书长闻库、中兴通讯高级副总裁朱永涛以及三大运营商代表共同出席并发表主题演讲，把脉探索中国 5G 消息生态发展之路。为表彰在 5G 消息发展进程中做出贡献的企业，大会在 5G 消息主题报告会特设先进推荐环节，梦网科技作为先进企业代表荣获了主委会颁发的"优秀 5G 消息应用企业"，除此之外，由梦网开发打造的"南山政务"5G 消息案例也同步荣获"5G 消息先进应用案例"。作为梦网科技推出的 5G 消息案例代表，"南山政务"此前已经广受业界认可，荣获过包括中国移动集团 5G 消息行业应用优秀案例在内的多项荣誉。

在大会进行的"5G 消息应用开发论坛"中，梦网科技 5G 消息战略合作中心副总经理饶冠旗为与会观众带来了《5G 消息时代 CSP 如何实现商业闭环》的演讲。饶冠旗的演讲从数字经济发展前景延伸，详细阐述了当前 5G 消息在数字经济时代的渠道和入口优势，以及 5G 消息为客户带来的全新营销价值。并针对 5G 消息的商业模式进行了深度解析。

2. 行业应用不断创新

5G 消息不仅仅是一次信息服务技术的升级换代，更是一场影响深远的全方位变革。众所周知，5G 消息所具备的富媒体强交互智能化的特征和原生消息入口天然属性，已让其成为各行业服务的轻量级万能应用。在产品体验上，5G 消息的开放生态也有着独特优势，因此，不断精耕 5G 消息行业场景、充分发挥 5G 消息服务优势，将是推动整个产业持续高效发展的不二法门。

发展至今，5G 消息的产业价值正在不断被重塑。在 5G 消息构建的产业引领下，云计算、大数据、边缘计算、人工智能等技术不断焕发技术赋能产业的巨大价值。而在 5G 消息设计的场景发展下，金融、政务、教育、物流等千行百业也开始遇见实际应用的全新落脚点。

作为 5G 消息的探索先锋，梦网科技在 5G 消息应用场景上不断创新。截至目前，梦网已帮助近百家合作客户完成 5G Chatbot 场景应用开发，行业覆盖政企、金融、电商、互联网、教育、出行等，不断拓展的行业场景和案例积累，见证了梦网在各行业信息服务的加速融合落地，也为 5G 消息赋能全行业提供了更多可能性。形态及功能各具特色的 5G 消息行业应用，呈现出了 5G 消息在当下的"初级生态"。随着 5G 技术的发展和应用的普及，5G 消息将会以更成熟的服务展现形态，成为未来人类生活的重要组成部分。

第三节　近距离小容量无线通信技术

一、无线保真通信技术简介

（一）无线保真通信的定义

基于 IEEE 802.11b 标准的无线保真（Wireless Fidelity，WiFi）技术是一种能够将个人电脑、手持设备等终端以无线方式互相连接的技术。

（二）无线保真通信的工作原理

1. 简介

无线保真（WiFi）技术与蓝牙技术一样，同属于在办公室和家庭中使用的短距离无线技术。该技术遵循 IEEE 所制定的 802.11x 系列标准，主要有三个标准，即 802.11a（较少使用）、802.11b（低速）和 802.11g（高速），见表 3-6。

尽管 WiFi 技术也存在着诸如兼容性，安全性等方面的问题，不过它也凭借着自身的优势，如传输速度较快，可以达到 11Mbit/s，有效距离也很长等优点，受到厂商和使用者的青睐，在一般的民用通信中占据着主流无线传输的地位。

表 3-6 WiFi 协定（标准）的频带分配表

协定（标准）	工作频带	传输速度
802.11a	5GHz	54Mbit/s
802.11b	2.4GHz	11Mbit/s
802.11g	2.4GHz	54Mbit/s

通俗地说，WiFi 就是一种无线联网的技术，以前通过网线连接电脑，而现在则是通过无线电波来联网。常见的就是一个无线路由器，在这个无线路由器的电波覆盖的有效范围都可以采用 WiFi 连接方式进行联网，如果无线路由器连接一条非对称数字用户线路（Asymmetrical Digital Subscriber Line，ADSL）或者别的上网线路，则又被称为热点。

2. 无线保真通信的技术优势

1）无线电波的覆盖范围广，由于蓝牙技术的电波覆盖范围非常小，半径大约只有 15m 左右，而 WiFi 的半径可达 100m，办公室自不用说，就是在整栋大楼中也可使用。由 Vivato 公司推出的新型交换机，能够把 WiFi 无线网络的通信距离扩大到约 6.5km 的范围。

2）虽然由 WiFi 技术传输的无线通信质量不是很好，数据安全性也比蓝牙差一些，传输质量也有待改进，但传输速度非常快，可以达到 11Mbit/s，符合个人和社会信息化的需求。

3）厂商进入该领域的门槛比较低。只要在机场、车站、图书馆等人员较密集的地方设置热点，并通过高速线路将因特网接入上述场所，由于热点所发射出的电波可以达到距接入点半径数千米的地方，所以用户只要将支持无线网络（Local Area Network，LAN）的笔记本计算机或手机置于该区域内，即可高速接入因特网。也就是说，厂商不用耗费资金来进行网络布线接入，从而节省了大量的成本。

3. 无线保真通信系统的网络架构

一般架设无线网络的基本配备为无线网卡及一台无线访问接入点（Access Point，AP），由此便能以无线的模式来分享网络资源，架设费用和复杂程度远远低于传统的有线网络。如果只是几台电脑的对等网，也可不要 AP，只需要每台计算机配备无线网卡即可。AP 在媒体存取控制层 MAC 中起着无线工作站及有线局域网络的桥梁作用。AP 就像一般有线网络的 Hub 一般，使无线工作站可以快速且轻易地与网络相连。特别是对于宽带的使用，无线保真更显优势，有线宽带网络（ADSL、小区 LAN 等）到户后，连接到一个 AP，然后在电脑中安装一块无线网卡即可。普通的家庭有一个 AP 已经足够，甚至用户的邻里在得到授权后，无需增加端口，也能以共享的方式上网。

4. 无线保真通信的应用

WiFi 所遵循的 802.11 标准至今仍是美军军方通信器材对抗电子干扰的重要通信技术。因为 WiFi 中所采用的展频技术（Spread Spectrum，SS）具有非常优良的抗干扰能力，并且当需要反跟踪、反窃听时，具有很出色的效果，所以不需要担心 WiFi 技术不能提供稳定的网络服务。

简而言之，其通信原理为采用 2.4G 频段，实现基站与终端的点对点无线通信，链路层采用以太网协议为核心，以实现信息传输的寻址和校验。从而可以实现通信距离从几十米到几千米的多设备无线组网，如图 3-14 所示。

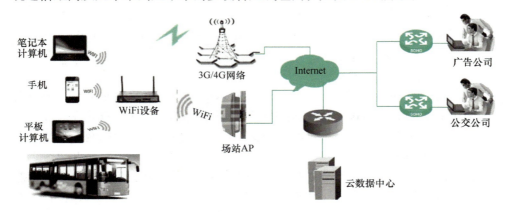

图 3-14　WiFi 应用模拟图

WiFi 是现有通信系统，特别作为 3G 时代通信手段的补充，无线接入技术主要包括 IEEE 的 802.11、802.15、802.16 和 802.20 标准，分别指无线局域网（WLAN）；无线个域网（WPAN），如蓝牙与超宽带（uwb）；无线城域网（WMAN），如全球微波接入互操作网（WIMAX）和宽带移动接入（WBMA）等。一般来说，无线个域网提供超近距离的无线数据传输高速度连接的通信；无线城域网提供城域覆盖和数据传输高速度的通信；宽带移动接入提供广覆盖、高移动性和高数据传输速度的通信；WiFi 则可以提供热点覆盖、低移动性和数据高传输速率的通信。现在正交频分复用技术（Orthogonal Frequency Division Multiplexing，OFDM）、多变量控制系统（多入多出技术）（Multi - Variable Control System，MIMO）、智能天线（smart antenna）和软件技术（software technique）等，都开始应用到无线局域网中，以提升 WiFi 性能，比如说 802.11n 计划采用多入多出技术与正交频分复用技术相结合，使数据速度成倍提高。另外，天线及传输技术的改进使得无线局域网的传输距离大幅度增加，可以达到数千米。微信作为一种可以通过 WiFi 来接入互联网，使用户使用包括文字、图片、语音、视频等信息的发送和接收等功能的应用，将在下面的章节进行介绍。

（三）微信通信的发展史

2010 年苹果公司发布了 iPhone 4，代表着具有划时代意义的移动时代悄然来临。随后，美国出现了一个叫作 Kik 的 APP。且 Kik 仅用了一个月的时间就获取了一百万的用户，震惊了全世界，算是移动互联网的一个奇迹。

很巧的是，QQ 邮箱团队当时正在着手开发一个叫作"手中邮"的 APP，也就是 QQ 邮箱的移动版。邮箱团队的负责人张小龙看到 Kik 这个奇迹之后，马上发了邮件给马化腾，说这个东西我们应该做。公司同意了，而将它命名为"微信"。

微信是由中国深圳腾讯控股有限公司（Tencent Holdings Limited）于 2010 年 10 月筹划启动，由张小龙带领腾讯广州研发中心产品团队打造，腾讯公司于 2011 年 1 月 21 日推出的一款支持 Android 以及 iOS 等移动操作系统的即时通信软件，其面向智能手机用户。

用户可以通过客户端与好友分享文字、图片以及视频，并支持分组聊天和语音、视频对讲功能、广播（一对多）消息、照片/视频共享、位置共享、消息交流联系、微信支付、理财通，游戏等服务，并有共享流媒体内容的 Feed 和基于位置的社交插件"摇一摇""朋友探测器"和"附近的人"等功能。

微信支持多种语言，以及手机数据网络。用户可拍摄照片或视频发送至"朋友圈"。用户可在联系人列表中选择联系人，使用云端服务将数据备份和恢复，以保护用户通讯录数据。微信中还有订阅号、服务号、企业号等功能，可以供用户订阅他们喜欢的公众号，也可提供一个良好的自媒体平台，每个人都可以申请个人订阅号发布个人的文章等，用户可以通过订阅或者搜索获取微信公众号的文章，用户使用微信大部分功能都不会被收取费用。

微信即"微型邮件"的意思。由于微信是邮箱团队开发的，为了快速实现应用，尽可能复用了原先 QQ 邮箱的整个后台协议和框架，所以背后的通信协议采用的也是邮箱的 HTTP 协议，而不是通常即时通信工具所用的 UDP 协议。也就是说，每次发送一条微信消息，实际上是通过微信后台向朋友发送一封微型的邮件。

张小龙的团队用两个多月的时间开发了第一版微信，2011 年 1 月，微信发布。至 2011 年 5 月，经过了 1.1、1.2、1.3 三个测试版本之后，微信逐渐增加了对手机通讯录的读取、与腾讯微博私信的互通以及多人会话功能的支持，微信用户一直呈指数增长。

微信 2.0 版本发布之后，迎来了语音功能。在微信的 2.1 ～ 3.5 版本之间，微信就在做让用户加好友的功能。2011 年 8 月，微信发布 2.5 版本，添加了"查看附近的人"的陌生人交友功能，此时微信用户已达到 1500 万。两个月后，也就是 10 月份，微信发布 3.0 版本，该版本加入了"摇一摇"和漂流瓶功能，增加了对繁体中文语言界面的支持。

2011 年 12 月，微信发布 3.5 版本。3.5 版本带来全新二维码社交模式。另外，表情符号和兔斯基动画表情、自定义聊天背景、休闲游戏、默认采用短信注册等特色功能，助阵微信 3.5 版本。3.5 版本的发布使交友这件事变得更加轻松与自如。同时，微信也不负重托，到 2011 年底，微信用户已超过 5000 万。就在二维码社交发布三个月之后，也就是 2012 年 3 月，微信用户突破一亿。

同年 5 月，微信发布 4.0 版本，并带来了朋友圈功能，官方确定英文名称为"Wechat"。除朋友圈功能之外，还带来了微信开放接口，支持从第三方应用向微信通讯录里的朋友分享音乐、新闻、美食、摄影等消息内容；支持图片、视频转发给其他微信朋友；支持对微信朋友发送你当前的地理位置，方便朋友找到你；可以对某个通讯录里的朋友设置星标，这样就可以快速在通讯录顶部的星标分组里找到他们。

2012 年 7 月，微信 4.2 版本增加了视频聊天插件，并发布网页版微信界面。微信逐渐成为人们生活中必不可少的工具。2012 年 8 月 23 日，微信公众号平台上线，微信开始构建内容生态。公众号并没有专门发布的客户端版本，而是原先预埋在 APP 中未上线的功能。微信聊天、微信公众号、微信朋友圈，至此形成了一个信息传播的闭环，至今人们几乎每时每刻都生活在这个信息的闭环中。

2012 年 9 月 5 日，微信 4.3 版本发布。增加了摇一摇传图功能，该功能可以方便地把图片从电脑传送到手机上。这一版本还新增了语音搜索功能，并且支持解绑手机号码和 QQ 号，进一步增强了用户对个人信息的把控。2012 年 9 月 17 日，腾讯微信注册用户已破 2 亿。2013 年 1 月，微信用户数突破 3 亿，成为全球下载量和用户量最多的通信软件之一。

2013 年成为微信的商业化元年。2013 年 2 月，微信发布 4.5 版。这一版本支持实时对讲和多人实时语音聊天，并进一步丰富了"摇一摇"和二维码的功能，支持对聊天记录进行搜索、保存和迁移。同时，微信 4.5 还加入了语音提醒和根据对方发来的位置进行导航的功能。2013 年 8 月，微信商业化进程正式到来，5.0 版本上线，添加了表情商店和游戏中心，"扫一扫"功能全新升级，可以扫街景、扫条码、扫二维码、扫单词翻译、扫封面。这一年，微信还发布了微信支付、游戏中心、表情中心这三个让微信实现商业化的产品。

2013 年 8 月，微信海外版（WeChat）注册用户突破 1 亿，一个月内新增 3000 万名用户。2013 年 10 月，微信的用户数已超过了 6 亿，每日活跃用户 1 亿以上。同月微信在产品内添加由"嘀嘀打车"提供的打车功能。

2014 年 3 月，微信支付功能开放。同月，电脑管家牵手微信上线聊天记录备份功能。8 月，微信支付正式公布"微信智慧生活"全行业解决方案。具体体现在以"微信公众号＋微信支付"为基础，帮助传统行业将原有商业模式"移植"到微信平台。

2016 年 3 月起，微信支付对转账功能停止收取手续费。同月起，对提现功能开始收取手续费，微信支付也由此转为开始盈利。同月，微信官方首次公布"企业微信"的相关细节，并于 4 月通过应用宝正式发布安卓版。8 月，微信与支付宝同获香港首批支付牌照。2016 年 9 月，微信小程序正式开启内测。在微信生态下，触手可及、用完即走的微信小程序引起广泛关注。腾讯云正式上线微信小程序解决方案，提供小程序在云端服务器的技术方案。

2017 年 2 月，Brand Finance（金牌金融）发布 2017 年度全球 500 强品牌榜单，微信排名第 100。2017 年 3 月，微信官方推出了"微信指数"功能，腾讯方面定义其为微信官方提供的基于微信大数据分析的移动端指数。

2017 年 5 月，微信支付宣布携手 CITCON（西通）正式进军美国。至此，赴美人群可在美国享受无现金支付的便利。通过微信支付，在美国的衣食住行均可直接用人民币结算。2017 年 5 月，微信版本更新，新增"微信实验室"功能。目前，启用的实验有"看一看"和"搜一搜"两个功能。

从 2017 年 9 月 25 日 17 时—28 日 17 时的四天内，手机微信启动页面显示的地球图片也将从以前的 NASA（美国国家航空航天局）在全世界范围公开的第一张完整的地球照片，更换为风云四号的成像图。这也是微信启动页 6 年来的首次更换。

2017 年 12 月，微信更新的 6.6.1 版本开放了小游戏，微信启动页面还重点推荐了小游戏"跳一跳"。2018 年 1 月 31 日，微信发布 iOS 端新版本 6.6.2，支持两个账号一键切换登录，以及发现页管理功能。2018 年 2 月，微信全球用户月活数首次突破 10 亿大关。2018 年 5 月，微信公众号订阅号助手 iOS 版发布，可编辑图文、处理留言等。同月 23 日，微信 iOS 更新到了 6.6.7 版本。带来的主要功能有：①订阅号列表页改版，订阅号列表页新增了常读的订阅号模块，以及将信息流卡片的展现形式进行了调整；②通过拍视频自制表情；③聊天时长按输入框选择换行。2018 年 6 月发布"微信同声传译"插件。2018 年 6 月，微信上线"亲属卡"功能，用户可通过在微信上给父母、子女开通（赠送）亲属卡，使用亲属卡消费时，消费资金将自动从代付方的支付账户扣除。

2019 年 12 月，微信正式推出看点直播小程序，主打直播电商。2020 年 1 月张小龙在微信公开课 pro 上称："2019 年小程序日活超 3 亿，累计创造 8000 多亿交易额"。

2022 年 1 月，微众银行（微信支付）数字人民币钱包上线，2022 年 2 月，iOS 版微信在"设置"→"通用"→"照片、视频、文件和通话"中增加"聊天图片搜索"功能。

2022 年 2 月，最新版的微信 APP（iOS 最新版为 8.0.18，安卓最新版为 8.0.19）已经支持发送原视频而不会被压缩，即使是 4K 分辨率的视频也能够支持，并且 iPhone 还支持杜比视界、HDR 播放。

2022 年 3 月，微信状态最新上线"抗疫"服务，核酸检测、线上问诊、新冠疫苗、防疫查询等可以在微信城市服务里获取；还可以使用搜一搜，都了解出行政策，其他用户想要的防疫服务，通过搜索关键词可以一键直达；宅在家中，也可以找到对应的小区物业小程序，不仅可以无接触买菜送货到家，生活缴费、门禁、报事报修、装修报建也都可以使用；居家办公时，可以使用与腾讯文档、腾讯会议合作的企业微信 4.0 版本，其推出了几个实用的在线协作功具。2022 年 3 月，微信 for Windows 3.6.0 正式版发布，用户可以在计算机上查找微信号并添加朋友。

（四）微信通信的主要功能

1. 基本功能（见表 3-7）

表 3-7　微信的基本功能列表

即时通信	微信的主要社交功能，只有互为微信联系人才可以进行即时通信。在通帧中，有文字消息、语音消息、语音输入、语音与视频聊天、照片与视频分享、定位分享、微信红包、转账等功能。利用蓝牙和其他近场通信，微信可以和附近的人获取联系，并提供各种功能，方便人们随时联系。同时，它还与腾讯 QQ 等社交网络服务平台集成。照片还可以加上滤镜和注释，文字信息还可以机器翻译 微信支持不同类型的即时信息，包括文字短信、视频、语音短信、实时对讲和表情包。用户可以发送事先保存或实时的图片和视频、其他用户的名片、优惠券、红包或当前的定位
添加好友	微信支持查找微信号（具体步骤：单击微信界面下方的朋友们→添加朋友→搜号码，然后输入想搜索的微信号码，然后单击查找即可）、查看 QQ 好友、添加好友、查看手机通信录和分享微信号添加好友、摇一摇添加好友、二维码查找添加好友和漂流瓶接受好友等 7 种方式
实时对讲机功能	用户可以通过语音聊天室和一群人语音对讲，但与在群里发语音不同的是，这个聊天室的消息几乎是实时的，并且不会留下任何记录，在手机屏幕关闭的情况下也仍可进行实时聊天
微信小程序	2017 年 4 月 17 日，小程序开放"长按识别二维码进入小程序"的功能力
修改微信号	2020 年 6 月 5 日，微信安卓最新版的微信支持修改微信号，入口在"我"→"个人信息"→"微信号"，符合条件的用户支持一年修改一次微信号
微信语音	语音聊天可以像系统电话一样接听

2. 生活服务方面的功能（见表3-8）

表3-8　微信的生活服务功能列表

高速e行	2018年03月，微信推出“高速e行”功能，只要将用户的车与微信账户绑定，再开通免密支付即可。如果不放心，还可以单独预存通行费。离开高速公路时，自动识别车牌，并从绑定的微信账户中扣款，发送扣费短信。实现先通行后扣费
微信支付	微信支付是集成在微信客户端的支付功能，用户可以通过手机完成快速的支付流程。微信支付向用户提供安全、快捷、高效的支付服务，以绑定银行卡的快捷支付为基础 支持支付场景：微信公众平台支付、APP（第三方应用商城）支付、二维码扫描支付、刷卡支付，用户展示条码，商户扫描后，完成支付 用户只需在微信中关联一张银行卡，并完成身份认证，即可将装有微信APP的智能手机变成一个全能钱包，之后即可购买合作商户的商品及服务，用户在支付时只需在自己的智能手机上输入密码，无需任何刷卡步骤即可完成支付，整个过程简便流畅 2014年9月13日，为了给更多的用户提供微信支付电商平台，微信服务号申请微信支付功能将不再收取2万元保证金，开店门槛降低 2016年3月1日起，微信支付对转账功能停止收取手续费。同日起，对提现功能开始收取手续费。具体收费方案为，每位用户（以身份证维度）终身享受1000元免费提现额度，超出部分按银行费率收取手续费，费率均为0.1%，每笔最少收0.1元。微信红包、面对面收付款、AA收款等功能不受影响，免收手续费 2018年8月，微信支付宣布开通银行信用卡积分服务。用户通过微信支付绑定信用卡、刷卡消费，可以享受实体卡刷卡同等积分福利政策 2020年6月，微信支付分正式全面开放，用户可以直接查询并通过支付分来获得免押服务 2022年1月，微众银行（微信支付）数字人民币钱包上线，在数字人民币APP内选择“微众银行‘微信支付’”钱包，输入与微信绑定一致的手机号验证后，即可成功开通
理财通	2014年1月15日晚，微信发布了货币型基金理财产品——理财通，被称为微信版“余额宝”
城市服务	2015年7月21日，微信官方宣布，“城市服务”正式接入北京市。用户只要定位在北京，即可通过“城市服务”入口，轻松完成社保查询、个税查询、水电燃气费缴纳、公共自行车查询、路况查询、12369环保举报等多项政务民生服务 2022年3月，微信状态最新上线“抗疫”服务，核酸检测、线上问诊、新冠疫苗、防疫查询等均可以在微信城市服务里获取，可以使用搜一搜，了解出行政策，找到对应的小区物业小程序，不仅可以无接触买菜送货到家，生活缴费、门禁、报事报修、装修报建也都可以使用。居家办公时，可以使用与腾讯文档、腾讯会议合作的企业微信4.0版本推出的几个实用的在线协作功能
保险服务	2017年11月，“腾讯服务”的九宫格里又多了一项新功能——保险服务

（续）

微信亲属卡	2018 年 6 月，微信悄然上线了亲属卡功能，尚属于灰度测试中，只针对部分用户开放。据了解微信亲属卡功能与支付宝亲密付功能类似，均是一种"代付"功能。使用亲属卡的用户开可以在消费时使用亲属卡中的额度付费，并会扣除发放亲属卡一方的实际费用 2021 年 11 月 10 日，微信支付亲属卡功能正式升级，新增"其他亲人"选项，可开通 5 张亲属卡，"子女"增加至三张
手机充值	打开"微信"→"我"→"钱包"→"手机充值"→输入需充值的手机号码→选择面额进行支付
生活缴费	微信生活缴费致力于公共缴费行业的线上解决方案，基于微信强大的数据能力和平台生态，现已开放实名认证、自动续费、消息通知、电子发票等免费接口，助力缴费单位实现服务线上化、智能化、数据化
医疗健康	微信内"医疗健康"可提供的功能包括：提供医院挂号、体检预约、报告查询、医生咨询、线上药房等轻医疗服务
防疫健康码	健康码是腾讯政务团队结合国家疫情防控工作需求，快速开发上线的一个应急管理平台，市民可通过微信小程序申领个人健康码作为出行凭证

3. 其他方面的功能（见表 3-9）

表 3-9　微信的其他功能列表

朋友圈	用户可以通过朋友圈发表文字和图片，同时可通过其他软件将文章或者音乐分享到朋友圈。用户可以对好友新发的照片进行"评论"或"赞"，用户只能看相同好友的评论或赞 2022 年 1 月，微信朋友圈增加新功能，可发送 20 张图片，且超过 9 张图时需制作成新的视频再发表。选中超过 9 张图片时，可以使用所匹配的模板和音乐自动生成视频
语音提醒	用户可以通过语音告诉 Ta 提醒打电话或是查看邮件
通讯录安全助手	开启后可上传手机通讯录至服务器，也可将之前上传的通讯录下载至手机
QQ 邮箱提醒	开启后可接收来自 QQ 邮件的邮件，收到邮件后可直接回复或转发
私信助手	开启后可接收来自腾讯微博的私信，收到私信后可直接回复
漂流瓶	通过扔瓶子和捞瓶子来匿名交友
查看附近的人	微信将会根据您的地理位置找到在用户附近同样开启本功能的人
语音记事本	可以进行语音速记，还支持视频、图片、文字记事
微信摇一摇	微信推出的一个随机交友应用，通过摇手机或单击按钮模拟摇一摇，可以匹配到同一时段触发该功能的微信用户，从而增加用户间的互动和微信黏度

（续）

群发助手	通过群发助手把消息发给多个人
微博阅读	可以通过微信来浏览腾讯微博内容
流量查询	微信自身带有流量统计的功能，可以在设置里随时查看微信的流量动态
游戏中心	可以进入微信玩游戏（还可以和好友比高分），例如"飞机大战"
微信公众平台	微信公众平台主要有实时交流、消息发送和素材管理。用户可以对公众账户的粉丝进行分组管理、实时交流，同时也可以使用"高级功能"→"编辑模式"和"开发模式"对用户信息进行自动回复
账号保护	微信与手机号进行绑定，该绑定过程需要四步：①在"我"的栏目里进入"个人信息"，单击"我的账号"；②在"手机号"一栏输入手机号码；③系统自动发送六位验证码到手机，成功输入六位验证码后即可完成绑定；"账号保护"一栏显示"已启用"，即表示微信已启动了全新的账号保护机制
时刻视频	记录眼前的世界，也可以给朋友的视频"冒个泡"，告诉他你来过
微信视频号	视频号是微信的短内容，一个人人可以记录和创作的平台，也是一个了解他人、了解世界的窗口。于2020年1月21日正式开启内测
拦截系统	2014年8月7日，微信已为抵制谣言建立了技术拦截、举报人工处理、辟谣工具这三大系统。在相关信息被权威机构判定不实，或者接到用户举报并核实举报内容属实后，微信会积极提供协助阻断信息的进一步传播 在日常运营中，腾讯有一支专业的队伍负责处理用户的举报内容。根据用户的举报，查证后一旦确认存在涉及侵权、泄密、造谣、骚扰、广告及垃圾信息等违反国家法律法规、政策及公序良俗、社会公德等的内容，微信团队会视情况严重程度对相关账号予以处罚
拍一拍	2020年6月17日，微信在iOS和Android版本均上线了"拍一拍"功能，支持用户在群聊和个人对话中提醒对方，但这一提醒方式并不明显，与QQ的窗口震动和微信群聊的@功能均有所不同
服务搜索	2020年6月29日，微信搜一搜的"服务搜索"功能，正式向各行业开放接入。满足相关条件：①用于开通服务搜索的公众号注册时间已满6个月，且已获得微信认证；②服务不属于社交、医疗、游戏等类目的商家们在公众号后台配置服务信息后，服务就有机会在搜索结果中展示，精准触达用户
指尖搜索	2020年9月9日，微信搜一搜推出"指尖搜索"功能。微信称如果在微信聊天过程中遇到知识盲区，可以长按聊天气泡，在菜单中单击"搜一搜"进行搜索，部分品牌和服务也能通过这种方式直接触达

（续）

微信豆	微信豆是用于支付微信内虚拟物品的道具，目前支持在视频号中购买虚拟礼物。想要获得微信豆，必须进行充值
公众号二维码转公众号名片	2021 年 4 月 14 日，微信上线了"公众号二维码一键转成公众号名片"功能
炸一炸	2021 年 5 月 17 日，iOS 微信 8.0.6 版本在"拍一拍"基础上新增了"炸一炸"功能。用户升级至微信最新版本后，只要在"朋友拍了拍我_____"加入会动表情，就能实现"炸一炸"的效果
自定义来电铃声	2021 年 7 月 14 日，微信 iOS 版推出新版本，支持自定义来电铃声
QQ 音乐一键分享功能	2021 年 7 月，微信状态支持 QQ 音乐一键分享功能
微信客服	2021 年 7 月，微信全新功能"微信客服"官网上线。微信客服功能是面向企业级用户推出的服务功能，据官方介绍，用户可以在微信内、外各个场景中接入微信客服，用户可以发起咨询，企业可通过 API 接口回复消息，做好客户服务 微信客服功能有三个亮点： 1）丰富的接入口。可以在视频号、搜一搜、支付凭证、网页等微信内和微信外场景接入微信客服，接待用户咨询 2）微信官方消息通道。咨询记录将出现在微信的"客服消息"中，用户更易发现 3）API 收发消息。可通过 API 收发消息，实现多座席协作、自动回复等功能
朋友圈视频封面	可以从视频号中选择一段视频作为朋友圈封面，可以在朋友圈单击封面，右下角新增了"换封面"的按钮，选择之后可以任意从自己的视频号或者手机相册上传一段视频，最长可以支持 30s
多账户管理	安卓微信 8.0.10 中，可看到现在微信账号的切换可以多于 2 个，最多可以 4 个账号
置顶聊天折叠	当置顶信息比较多时，就会自动折叠，以免占用日常聊天窗口，当置顶好友有新消息时，会重新出现在第一屏，不过只有在置顶聊天框超过 10 个时，用户才能折叠聊天框，此外，如果微信群被设置为免打扰，就不会再被折叠
视频号可开启手机多任务	安卓微信新版还上线了一个可通过手机多任务回到视频号的功能，这个功能目前 iOS 微信还没有。在该版本中，用户在观看视频号的时候，不用退出视频号，就可通过多任务回到微信界面，也可重新返回视频号
语音通话可查看朋友圈	2021 年 9 月，新版本除上线关怀模式、群聊折叠等功能外，还新增了一个语音彩蛋。经过测试，当向好友发起语音通话时，可以在通话界面中查看对方的朋友圈，不过只能看到对方三天内发出的朋友圈。另外，界面中间新增"看他的近况"按钮，单击还可弹出对方三天内的朋友圈动态，包括朋友圈文案、图片、定位。此前仅在微信 iOS 更新了该功能，但是现在部分更新到 8.0.15 版的安卓用户也可以使用了

（续）

拜年红包	微信升级到最新版本，在微信单聊对话框里单击"红包"，就可以体验"拜年红包"功能，好友在领取红包封面后，还可以把红包的祝福语设置为微信状态
监护人授权	升级微信青少年模式，家长可以通过这一功能管理孩子使用微信的情况。开启该功能后，青少年可以通过远程申请监护人授权，以访问公众号文章、小程序、链接和延长视频号使用时间，监护人可通过个人微信账号远程对申请进行授权。通过这一功能监护人可以决定给青少年看什么、看多久
借条功能	通过"腾讯电子签"小程序实现，主要用于管理各种收据、双方签订租房合同等
聊天图片搜索	开启后可通过图片信息搜索聊天中的图片

（五）微信通信的成功之路

微信因为背靠腾讯，可以实现用 QQ 账号直接登录，可以得到腾讯母体的平台运维支持，腾讯一向在即时通信领域拥有丰富的经验和强大的资源，这些都是行业内其他竞争对手无法想象的。首先，微信在移动端做成了一个类似 QQ 在PC 端那样的全民级通信平台，这是微信成功的第一个因素。

另一方面，微信已经不只是一个聊天工具，它的地位实际上已经远远超过了QQ，成为一个操作系统，手机用户每天平均有超过 40% 的时间用在微信上。另外，微信覆盖了 QQ 无法覆盖的高端人群，也实现一定程度的国际化，这也是QQ 一直无法做到的。而且微信借助它的创新，还引来了大量国外同行的模仿，这更是原来更无法想象的事。可见，一个产品做到这种程度的成功，就远不是有资源支持就能够做到的了。

二、蓝牙通信技术简介

（一）蓝牙通信的定义

1. 定义

所谓蓝牙（bluetooth）技术，是一种支持设备短距离通信（一般 10m 内）的无线电技术，能在包括移动电话、掌上计算机、无线耳机、笔记本计算机、相关外设等众多设备之间进行无线通信。

利用蓝牙技术，能够有效地简化掌上计算机、笔记本计算机和手机等移动通信终端设备之间的通信，也能够成功地简化以上这些设备与因特网之间的通信，从而使这些现代通信设备与因特网之间的数据传输变得更加迅速高效，为无线通信拓宽道路。说得通俗一点，就是蓝牙技术使得现代一些方便携带的移动通信设备和计算机设备，不必借助电缆就能联网，并且能够实现无线上网。

2. 名称来源

蓝牙技术是由世界著名的 5 家大公司——爱立信（Ericsson）、诺基亚（Nokia）、东芝（Toshiba）、国际商用机器公司（IBM）和英特尔（Intel），于 1998 年 5 月联合宣布的一种无线通信技术。

蓝牙（Bluetooth）原为欧洲中世纪的丹麦皇帝 HnddⅡ的名字，他为统一四分五裂的瑞典、芬兰、丹麦有着不朽的功劳。为了纪念他，瑞典的爱立信公司为这种即将成为全球通用的无线技术以此命名。

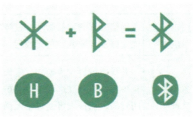

图 3-15 蓝牙的标识及意义

蓝牙通信技术中的专有名词比较多，在了解蓝牙系统结构之前，先熟悉蓝牙系统几个常用的专有名词。

3. 蓝牙通信的标识及其意义

蓝牙标识的设计取自 Harald Bluetooth（哈拉尔德蓝牙）名字中的「H」和「B」两个字母，用古北欧字母来表示，将这两者结合起来，就成为蓝牙的标识，如图 3-15 所示。

（二）蓝牙通信系统的组成

1. 微微网（piconet）

通过蓝牙技术连接在一起的所有设备被认为是一个微微网，这是由采用蓝牙技术的设备以特定方式组成的网络。微微网的建立是从两台设备（如便携式计算机和蜂窝电话）的连接开始，最多由 8 台设备构成。所有的蓝牙设备都是级别相同的单元，具有相同的权限，以同样的方式工作。

2. 主单元（master unit）

在一个微微网中，主单元时钟和跳频顺序被用来同步其他单元的设备。

3. 从单元（slave units）

微微网中不是主单元的所有设备都为从单元。

4. 分布网（scatternet）

几个独立且不同步的微微网组成一个分布网。

5. 媒体访问控制地址（mac address）

媒体访问控制地址是用来区分微微网中各单元的、长度为 3bit 的地址。

6. 暂停单元（parked units）

微微网中与网络保持同步但没有媒体访问控制地址的设备叫作暂停单元。

7. "呼吸"与"保持"模式（sniff and hold mode）

"呼吸"与"保持"模式是与网络同步但进入睡眠状态以节省能源的一种工作模式。

（三）蓝牙通信技术原理

1. 蓝牙通信技术的主从关系

1）蓝牙通信技术规定每一对设备之间进行蓝牙通信时，必须是一个为主角色，另一个为从角色才能进行通信，通信时必须由主端进行查找，发起配对并建链成功后，双方即可收发数据。

2）理论上一个蓝牙主端设备可同时与 7 个蓝牙从端设备进行通信，如图 3-16 所示。一个具备蓝牙通信功能的设备可以在两个角色间切换，平时工作在从模式，等待其他主设备来连接，需要时可转换为主模式，向其他设备发起呼叫。一个蓝牙设备以主模式发起呼叫时，需要知道对方的蓝牙地址，配对密码等信息，配对完成后，可直接发起呼叫。

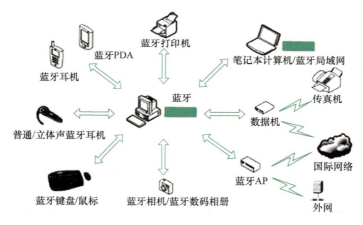

图 3-16 蓝牙通信技术的"一主多从"示意图

2. 蓝牙通信技术的呼叫过程

1）蓝牙主端设备发起呼叫，首先要查找，找出周围处于可被查找的蓝牙设备。

2）主端设备找到从端蓝牙设备后，与从端蓝牙设备进行配对，此时需要输入从端设备的 PIN 码，也有设备不需要输入 PIN 码。

3）配对完成后，从端蓝牙设备会记录主端设备的信任信息，此时主端即可向从端设备发起呼叫，已配对的设备在下次呼叫时，不再需要重新配对。已配对的设备作为从端的蓝牙耳机也可以发起建链请求，但做数据通信的蓝牙模块一般不发起呼叫。链路建立成功后，主从两端之间即可进行双向的数据或语音通信。在通信状态下，主端和从端设备都可以发起断链，断开蓝牙链路。

3. 蓝牙通信技术的数据传输

蓝牙数据传输应用中，一对一串口数据通信是最常见的应用之一，蓝牙设备在出厂前即提前设好两个蓝牙设备之间的配对信息，主端预存有从端设备的 PIN 码、地址等，两端设备加电即自动建链，透明串口传输，无需外围电路干预。一对一应用中从端设备可以设为两种类型，一是静默状态，即只能与指定的主端通信，不被别的蓝牙设备查找；二是开发状态，既可被指定主端查找，也可以被别的蓝牙设备查找建链。

（四）蓝牙通信技术的特点

1. 网络结构、频段、传输速率和传输距离

蓝牙采用分散式网络结构以及快跳频和短包技术，支持点对点及点对多点的通信，工作在全球通用的 2.4GHz ISM（即工业、科学、医学）频段。其数据传输速度为 1Mbit/s。采用时分双工传输方案，实现全双工传输。蓝牙技术的无线电收发器的连接距离可达 10m，不限制在直线范围内，甚至设备不在同一间房内也能相互连接。

2. 经济性

蓝牙技术是以无线数据与语音通信的开放性、全球性规范，它以低成本、近距离、无线连接为基础，为固定与移动设备通信环境建立一个特别连接的短程无线电技术。其实质内容是要建立通用的无线电空中接口（radio air interface）及其控制软件的公开标准，将通信和计算机进一步结合，使不同厂家生产的便携式设备在没有电线或电缆相互连接的情况下，能在近距离范围内具有互用和相互操作的性能（interoperability）。其程序写在一个 9mm×9mm 的微芯片中。

3. 组建设备群和系统容量

蓝牙技术的作用是简化小型网络设备（如移动 PC、掌上计算机、手机）之间以及这些设备与因特网之间的通信，免除在设备之间加装电线、电缆和连接器，诸如无绳电话（cordless telephone）或移动电话（mobile telephone）、调制解调器（modulator – demodulator）、头戴式的送话器/受话器（Aheadset transmitter/receiver）、掌上计算机（Personal Digital Assistant，PDA）、计算机（computer）、打印机（printer）、幻灯机（epidiascope）、局域网（local area network）等。而且，这种技术可以延伸到那些完全不同的新设备和新应用中去。例如，如果把蓝牙技术引入到移动电话和 PDA 中，就可以去掉移动电话与 PDA 之间的连接电缆，而通过无线使其建立通信。打印机、PDA、PC、传真机、键盘、游戏操纵杆以及所有其他的数字设备都可以成为蓝牙系统的一部分。除此之外，蓝牙无线技术还为已存在的数字网络和外设提供通用接口以组建一个远离固定网络的个人特别连接设备群。并且可以链接多个设备，最多可达 7 个，这就可将把用户身边的设备都链接起来，形成一个个人领域的网络（personal areanetwork）。

4. 蓝牙通信系统一般组成

蓝牙系统一般由天线单元、链路控制固件单元、链路管理软件单元和软件

（协议）单元组成。

（1）天线单元

1）天线电平：蓝牙要求其天线部分的体积小、重量轻，因此，蓝牙天线属于微带天线。蓝牙空中接口是建立在天线电平为 0dBm 的基础上的。空中接口遵循美国联邦通信委员会（Federal Communication Commission，FCC）有关电平为 0dBm 的 ISM 频段的标准。如果平均电平达 100mw 以上，则可使用扩展频谱功能来增加一些补充业务。

2）天线的工作频谱扩展：频谱扩展功能是通过起始频率为 2.402GHz，终止频率为 2.480GHz，间隔为 1MHz 的 79 个跳频频点来实现的。出于某些本地规定的考虑，日本、法国和西班牙都缩减了带宽。最大的跳频速率为 1660 跳/s。理想的连接范围为 100mm～10m，但是通过增大发送电平可以将距离延长至 100m。

3）天线的抗干扰措施：因为蓝牙工作在全球通用的 2.4GHz ISM 频段，即为对所有工业、科学、医学无线电系统都广泛开放的频带，因此使用其中的某个频段都会遇到不可预测的干扰源。例如，某些家电、无绳电话、汽车遥控器、微波炉等，都可能是干扰源。为此，蓝牙特别设计了快速确认和跳频方案，以确保链路的稳定。跳频技术是把频带分成若干个跳频信道（hop channel），在一次连接中，无线电收发器按一定的码序列，即一定的规律，在专业技术上叫作伪随机码，就是"假"的随机码不断地从一个信道"跳"到另一个信道，只有收发双方是按这个规律进行通信的，而其他的干扰就不可能按同样的规律进行干扰。虽然跳频的瞬时带宽很窄，但可通过扩展频谱技术使这个窄带成百倍地扩展成宽频带，从而使干扰可能造成的影响变得很小。

4）时分双工技术：时分双工技术（Time Division Duplex，TDD）方案被用来实现全双工传输。

5）工作的稳定度：与其他工作在相同频段的系统相比，蓝牙跳频更快，数据包更短，这使蓝牙比其他系统都更稳定。使用前向纠错技术（Forward Error Correction，FEC）抑制了长距离链路的随机噪声，还应用了二进制调频（FM）技术的跳频收发器来抑制干扰和防止衰落。

（2）链路控制固件单元

1）控制 IC：在目前蓝牙产品中使用了 3 个 IC 分别作为联结控制器、射频传输/接收器以及基带处理器，此外还使用了 30～50 个单独调谐元件。其中，基带链路控制器负责处理基带协议和其他一些低层常规协议；射频传输/接收器负责射频信号的发射与接收；基带控制器是为了在外界干扰的情况下，增强蓝牙传输语音的可听度，其设置有 3 种纠错方案，即 1/3 比例前向纠错码、2/3 比例前向纠错码、数据的自动请求重发方案。采用前向纠错方案的目的是为了减少数据重发的次数，降低数据传输负载。但是，要实现数据的无差错传输，前向纠错方案就必然会生成一些不必要的开销比特（pay expenses bit）而降低数据的传送率。这是因为数据包对于是否使用前向纠错方案是弹性定义的。报头总有占1/3比例的前向纠错码起保护作用，其中包含了有用的链路信息。

2）连续可变斜率增量调制技术：在无设置自动误差校正设备（Automatic Error Request，ARQ）方案中，在一个时隙中传送的数据必须在下一个时隙确认收到。只有数据在收端通过了报头错误检测和循环冗余检测后，认为无错才向发端发回确认消息，否则会返回一个错误消息。比如蓝牙的话音信道采用连续可变斜率增量调制技术（Continuous VariableSlope Dalta Modulation，CVSD），即语音编码方案，获得高质量传输的音频编码。CVSD编码擅长处理丢失和被损坏的语音采样，即使比特错误率达到4%，CVSD编码的语音还是可听的。

3）蓝核技术：而有些公司的入门产品只采用一个单芯片传输器和联结控制器，称为BlueCore（蓝核）和BlueStack（蓝堆栈）。这是一个完整的蓝牙控制芯片，不需要外部的SAW滤波器、陶瓷电容或感应器，产品集成度非常高，使用了0.18或0.15pm技术，能够在几乎不增加成本的情况下把基带电路加到芯片中。

（3）链路管理软件单元　链路管理（Link Manager，LM）软件模块携带了链路的数据设置、鉴权、链路硬件配置和其他一些协议。链路管理能够发现其他远端链路管理，并通过链路管理协议（Link Manager Protocol，LMP）与之通信。链路管理模块提供以下服务：

1）发送和接收数据。

2）设备号请求，LM能够有效地查询和报告长度最大可达16位的设备设备身份号（ID）。

3）链路地址查询。

4）建立链路的连接。

5）鉴权和保密。鉴权即鉴别用户的身份是否有权进入链路，基于"请求/响应"运算法则。鉴权是蓝牙系统中的关键部分，它允许用户为个人的蓝牙设备建立一个信任域，例如只允许主人自己的笔记本计算机通过主人自己的移动电话进行通信。加密被用来保护连接的个人信息，密钥由程序的高层管理。网络传送协议和应用程序可以为用户提供一个较强的安全机制。

6）链路模式协商和建立，比如数据模式或者语音/数据模式。

7）决定帧的类型。

8）呼吸模式（sniff）。如果微微网中已经处于连接的设备在较长一段时间内没有数据传输，则蓝牙还支持节能工作模式。呼吸模式是节能工作模式的一种，也称为寻找发现模式。将设备设置为该模式时，主单元（master）只能有规律地在特定的时隙发送数据。从设备（slave）降低了从微微网收听消息的速率，只接收 M 时隙的数据，M 时隙的位置是由 LM 协商决定的，呼吸间隔可以依应用要求作适当调整。

9）保持模式（hold）。将设备设置为"保持模式"时，工作在该模式的设备为了节能，主设备只有一个内部计数器在工作，在一个较长的周期内停止接收数据，平均每 4s 激活一次链路，它由 LM 定义，链路控制器（Link Controller，LC）具体操作。从设备也可以主动要求被置为保持模式。一旦处于保持模式的单元被激活，则数据传递也立即重新开始。保持模式一般被用于连接好几个微微网的情况下或者耗能低的设备。

10）暂停模式（pause）。当设备不需要传送或接收数据、但仍需保持同步时，将设备设为"暂停模式"。处于该模式的设备，依然周期性地激活与微微网的跟踪同步，但没有数据传送，同时检查是否有呼叫消息（page）。

蓝牙支持的三种节能工作模式，即保持模式、呼吸模式和暂停模式。如果将这几种工作模式按照节能效率以升序排列，那么依次是呼吸模式、保持模式和暂停模式。

11）建立网络连接。在微微网内的连接被建立之前，所有的设备都处于待命状态。在这种模式下，未连接单元每隔 1.28s 周期性地监听信息。每当一个设备被激活，它就将监听规划送给该单元的 32 个跳频频点。跳频频点的数目因地理区域的不同而不相同，32 这个数字适用于除日本、法国和西班牙之外的大多数国家。

作为主单元的设备，首先初始化连接程序，如果地址已知，则通过寻呼消息建立连接；如果地址未知，则通过一个后接消息的查询建立连接。

在最初的寻呼状态，主单元将在分配给被寻呼单元的 16 个跳频频点上发送一串 16 个相同的呼叫消息。如果没有应答，主单元则按照激活次序，在剩余 6 个频点上继续寻呼。从被寻呼单元叫收到主单元发来的消息的最大的延迟时间，为激活周期的 2 倍（2.56s），平均延迟时间是激活周期的一半（0.6s）。

查询消息（inquiry）主要用来寻找蓝牙设备，如共享打印机、传真机和其他一些未知地址的类似设备，查询消息和检查呼叫消息（page）很相像，但是查询消息需要一个额外的数据串周期来收集所有的响应。

12）连接类型和数据包类型。连接类型定义了哪种类型的数据包能在特别连接中使用。蓝牙基带技术支持以下两种连接类型：

同步定向连接（Synchronous Connection Oriented，SCO）类型，主要用于传送话音。SCO 连接为对称连接，利用保留时隙传送数据包。连接建立后，主设备和从设备可以不被选中就发送 SCO 数据。SCO 数据包既可以传送话音，也可以传送数据，但在传送数据时，只用于重发被损坏的那部分的数据。

异步无连接（Asynchronous Connection Less，ACL）类型，主要用于传送数

据包。ACL 链路就是定向发送数据包，它既支持对称连接，也支持不对称连接。主设备负责控制链路带宽，并决定微微网中的每个被控可以占用多少带宽和连接的对称性。从设备只有被选中时才能传送数据。ACL 链路也支持接收主设备发给微微网中所有从设备的广播消息。

同一个微微网中不同的主、从对，可以使用不同的连接类型，而且在一个阶段内还可以任意改变连接类型。每个连接类型最多可以支持 16 种不同类型的数据包，其中包括 4 个控制分组，这一点对 SCO 和 ACL 来说都是相同的。两种连接类型都使用时分双工传输方案实现全双工传输。

13）鉴权和保密。蓝牙基带部分在物理层为用户提供保护和信息保密机制。鉴权基于"请求—响应"运算法则。鉴权是蓝牙系统中的关键部分，它允许用户为个人的蓝牙设备建立一个信任域，比如只允许主人自己的笔记本计算机通过主人自己的移动电话通信。加密被用来保护连接的个人信息，密钥由程序的高层来管理。网络传送协议和应用程序可以为用户提供一个较强的安全机制。

（4）软件（协议）单元 蓝牙协议支持速率和通信距离。蓝牙基带协议结合电路开关和分组交换机，适用于语音和数据传输。每个声道支持 64kbit/s 同步（语音）链接，而异步信道支持任一方向上高达 721kbit/s 和回程方向 57.6kbit/s 的非对称链接，也可以支持 43.2kbit/s 的对称连接。因此，它可以足够快地应付蜂窝系统上的非常大的数据比例。一般来说，它的链接距离范围为 100mm ~ 10m；如果增加传输功率的话，则其链接范围可以扩展到 100m。

蓝牙软件构架规范要求与蓝牙相顺从的设备支持基本水平的互操作性，这种顺从水平由不同的应用来决定。

蓝牙设备需要支持一些基本互操作特性要求。对于某些设备，这种要求涉及无线模块、空中协议、应用层协议和对象交换格式。Bluetooth1.0 标准由两个文件组成，一个叫 FoundationCore（基础核心文件），它规定的是设计标准；另一个叫 FoundationProfile（基础配置文件），它规定的是相互运作性准则。但对于另外一些设备，比如耳机，这种要求就简单得多。蓝牙设备必须能够彼此识别，并装载与之相应的软件，以支持设备更高层次的性能。

蓝牙对不同级别的设备（如 PC、手持机、移动电话、耳机等）有不同的要求，例如，你无法期望一个蓝牙耳机提供地址簿。但是移动电话、手持机、笔记本计算机就需要有更多的功能特性。

软件（协议）结构需有以下功能：

1）设置及故障诊断工具；

2）能自动识别其他设备；

3）取代电缆连接；

4）与外部设备进行通信；

5）音频通信与呼叫控制；

6）商用卡的交易与号簿网络协议。

蓝牙的软件（协议）单元是一个独立的操作系统，不与任何操作系统捆绑。适用于几种不同商用操作系统的蓝牙规范也在根据需要不断地开发和完善。

（五）蓝牙通信技术的优点与缺点

1. 优点

1）短距离数据交换，低延迟。蓝牙是一种无线通信技术标准，其可实现固定设备、移动设备和楼宇、个人域网之间的短距离数据交换。

2）体积小，价格便宜。蓝牙模块体积小且便于集成。由于个人移动设备的体积均较小，所以蓝牙芯片便于嵌入移动通信设备的内部；由于价格便宜，故可应用于低成本设备。

3）低功耗，方便电池供电。蓝牙设备在通信连接状态下，有四种工作模式——激活模式、呼吸模式、保持模式和休眠模式，除激活模式是正常的工作状态模式外，另外三种模式均是为了节能所规定的低功耗模式。

4）频段开放，全球范围适用。蓝牙工作在 2.4GHz 的 ISM 频段，全球大多数国家 ISM 频段的范围是 2.4～2.4835GHz，使用该频段无需向各国的无线电资源管理部门申请许可证。

5）数据和声音传输同时管理，同时可传输语音和数据。蓝牙采用电路交换和分组交换技术，支持异步数据信道、三路语音信道以及异步数据与同步语音同时传输的信道。

每个语音信道数据速度为 64kbit/s，语音信号编码采用脉冲编码调制（Pulse Code Modulation，PCM）或连续可变斜率增量调制（Continuously Variable Slope Deltamodulation，CVSD）方法。

当采用非对称信道传输数据时，速度最高为 721kbit/s，反向为 57.6kbit/s；

当采用对称信道传输数据时，速度最高为 342.6kbit/s。

蓝牙有两种链路类型，即异步无连接链路和同步面向连接链路。

6）无线蓝牙电子设备和健康。蓝牙使用的是 2.402～2.480GHz 的微波无线电频谱。蓝牙无线电设备的最大功率输出为：1 类是 100mW，2 类是 2.5mW，3 类是 1mW。即便是 1 类的最大功率输出功率也小于移动电话的最小功率。UMTS 和 W-CDMA 输出为 250mW，GSM1800/1900 为 1000mW，GSM850/900 为 2000mW。可见，蓝牙在使用中其无线电磁波辐射对人体是相对安全的。

2. 缺点

1）传输距离有限。链接距离范围为 100mm～10m。如果增加传输功率，那么其链接范围也只能扩展到 100m，只适用于短距离通信。

2）数据传输速率不高。蓝牙的数据传输速度为 24Mbit/s，WiFi 的最高传输速度 54Mbit/s 相比，相对速度较慢。

3）不同设备间协议不兼容性。因为理论上一个蓝牙主端设备可同时与 7 个蓝牙从端设备进行通信，并且一个具备蓝牙通信功能的设备，可以在"主""从"两个角色间切换。一个"蓝牙"设备以主模式发起呼叫时，需要知道对方的"蓝牙"地址，配对密码等信息，配对完成后，可直接发起呼叫。蓝牙设备的这些基本互操作，涉及无线模块、空中协议、应用层协议和对象交换格式的差异。蓝牙设备必须能够彼此识别，并装载与之相应的软件，以便互相识别，所以设备间协议具有不兼容性，对不同级别的设备（如 PC、手持机、移动电话、耳机等）有不同的要求。例如，无法期望一个蓝牙耳机提供地址簿。但是移动电话、手机、笔记本计算机就需要有更多的功能特性。

4）需要本地数据记录，以确保数据不间断可用。

5）安全问题。ISM 频段是一个开放频段，可能会受到诸如微波炉、无绳电话、科研仪器、工业或医疗设备的干扰。由于蓝牙手机中有些在发售时就没有开启蓝牙安全功能，导致其他蓝牙设备可以对它们进行随意访问，存在被攻击的可能性，如拒绝服务攻击、窃听、中间人攻击、消息修改、资源滥用等。

（六）蓝牙通信技术发展前景

蓝牙技术是一种无线数据与语音通信的开放性全球规范，它以低成本的近距离无线连接为基础，为固定与移动设备通信环境建立一个特别连接。其实质内容是为固定设备或移动设备之间的通信环境建立通用的无线电空中接口（radio air interface），将通信技术与计算机技术进一步结合起来，使各种 3C 设备在没有电线或电缆相互连接的情况下，能在近距离范围内实现相互通信或操作。可见，蓝牙技术具有一定的发展前景。

1. 普及蓝牙技术的认可和使用

尽管现阶段蓝牙技术已在现实生活和工作中得到广泛使用，但人们对蓝牙技术的了解并不多。除了在手机中应用蓝牙传输和语音功能外，对无线应用而言，它也非常重要。因此，在未来的发展中，应该在更广泛的应用平台中推广低成本和先进的蓝牙技术。

2. 扩大蓝牙技术的应用领域

蓝牙技术的应用领域应发展到广阔的范围。蓝牙技术的第一阶段是支持手机，iPad 和笔记本计算机，而下一发展方向将扩展到各行各业，包括汽车、工业、航空、消费电子、军事等。

3. 兼容更多操作系统

在计算机系统中，如果要进一步改善蓝牙技术的应用，则必须将蓝牙兼容技术的开发与计算机操作系统同步。除了与 Windows、Mac、PS 和 Xbox 平台兼容之外，还必须跟进技术水平，例如 Win10 系统在计算机应用程序中建立支持并改进蓝牙技术在计算机和相关项目中的应用。另外，在兼容技术的发展中，有必要不断研究电子产品的发展方向，并在可预见的规划和安排中提高蓝牙技术的应用能力。

4. 低成本开发，小芯片和更低的价格

蓝牙技术中使用的芯片成本相对较低，并且正在向单一芯片发展。除了电池中嵌入的单芯片，蓝牙芯片的价格将越来越低。

ST17H66 蓝牙 BLE5.2 芯片是伦茨科技推出的 16 脚蓝牙 BLE 芯片，具有 512KB Flash ＋(96KB ROM) ＋64KB SRAM，蓝牙协议栈固化，不再占用 Flash 空间。64KB 的 SRAM 分区使用，可以在待机时保存更多用户数据，可以设置大容量缓冲区，支持更加复杂的功能。符合 SIG 规范的自组网应用。包括多节点的控制，以及 2 主 4 从的同时工作。

ST17H66 有 10 × GPIO，− 103dBm @ BLE 125Kbit/s。单端天线输出，可以无匹配电路。支持天线矩阵切换，支持外挂 LNA 信号放大。

蓝牙最大的优势是功耗降低。上一代产品蓝牙接收峰值电流 >13mA；MCU 的功耗约为 0.5mA/MHz；低功耗模式下平均电流 >40μA。新产品的蓝牙接收峰值电流为 8.6mA，MCU 的功耗 <90μA/MHz；低功耗模式下平均电流可降低到 20～30μA。BLE5 的广播数据包更加灵活，最多可包含 200B 数据，BLE4 只有 32B。传输速度更快，BLE5 可以达到 20～30KB/s，BLE4 一般也可在 4～5KB/s。

5. 应用场景

近年来移动通信发展迅速，便携式计算机，如 Laptop、Notebook、HPC 以及 PDA 等也迅速发展，还有因特网的迅速发展，使人们对电话通信以外的各种数据信息传递的需求日益增长。蓝牙技术把各种便携式计算机与蜂窝移动电话用无线电链路连接起来，使计算机与通信更加密切结合，使人们能随时随地进行数据信息的交换与传输。因此计算机行业、移动通信行业都对蓝牙技术很重视，认为将对未来的无线移动数据通信业务有巨大的促进作用，预计在今后无线数据通信业务将迅速增长，蓝牙技术被认为是短距离无线数据通信最为重要的推进手段之一。

而随着高端产品的需求，对于蓝牙通信技术的进一步推广应用也具有比较广阔的应用前景，越来越多地应用在高端产品或需要产品追踪查询中。

对功耗控制要求比较严格的应用，比如高档的防丢器、电子标签等。

对数据传输有一定要求的客户，比如用于云台自拍的透传模块，希望蓝牙无线下载（Over the Air，OTA）更加可靠的客户。

方便灵活的电子标签应用，如商品标签、资产防盗、生物追踪。

（七） Bluetooth 与 WiFi 的异同处（见表 3-10）

表 3-10　Bluetooth 与 WiFi 的异同对照表

异同处	Bluetooth	WiFi
类似的应用场合	设置网络、打印或传输文件 蓝牙主要用于便携式设备及其应用，这类应用也被称作无线个人域网（WPAN），蓝牙可以替代很多应用场景中的便携式设备的线缆，在能够应用于一些固定场所，如智能家庭能源管理（如恒温器）等	WiFi 主要是用于替代工作场所一般局域网接入中使用的高速线缆的，这类应用有时也称作无线局域网（WLAN）
互补性	WiFi 和蓝牙的应用在某种程度上是互补的 蓝牙通常是两个蓝牙设备间的对称连接，蓝牙适用于两个设备通过最简单的配置进行连接的简单应用，如耳机和遥控器的按钮	WiFi 通常以接入点为中心，通过接入点与路由网络里形成非对称的客户机 - 服务器连接
点对点接入功能	WiFi 的点对点连接虽然不像蓝牙一般容易，但也是可能的，WiFi 直连（WiFi Direct）是最近开发的，为 WiFi 添加了类似蓝牙的点对点功能 蓝牙接入点存在，点对点连接十分容易	WiFi 更适用于一些能够进行稍复杂的客户端设置和需要高速的应用中，尤其像通过存取节点接入网络

三、可见光通信技术简介

（一） 可见光通信定义

可见光通信技术（Visible Light Communication，VLC）是利用发光二极管或其他可调制的光源，发出肉眼看不到的高速明暗闪烁信号来传输信息的技术。

将高速的电信号装置连接在 LED 照明装置上，插入电源插头即可作为无线通信传输使用。利用这种技术制成的系统能够覆盖室内灯光达到的范围，计算机不需要电线连接，因而具有广泛的开发前景。

（二） 可见光通信原理和系统的基本结构

1. 可见光通信原理

可见光通信采用全光谱的白光 LED 作为光源，利用 LED 光源承载的经电信号调制的高频信号或数据，对光源进行光亮度调制，使光源产生高速明暗闪烁的信号，进行信息传输。其传输介质即为空气，信号接收端采用光电转换装置，对光调制信号进行解调，经对接收到的信号进行均衡放大、信号整形，再经电信号解调，得到原始信息，并经低频放大后传输到接收的终端设备以音频、图像、视频予以显示，或以信息形式予以存储，又或以控制信号控制被控设备的动作等。其结构框图如图 3-17 所示。

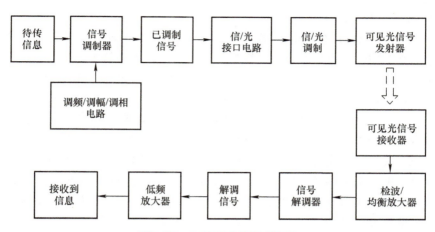

图 3-17　可见光通信原理框图

2. 可见光通信基站基本组成

可见光通信的信号经耦合电路与电力线相接。每一个基站只需要经过耦合电路，将信号发射部分与信息接收部与电力线相接，便可在基站可见光覆盖范围的一定距离内接收基站发射的信号，或向基站发送信号，如图 3-18 所示。

（三）可见光通信的发展历史

日本庆应大学（KEIO）的 Tanaka 等人和 SONY 计算机科学研究所的野山（Haruyama），在 2000 年提田中出了利用 LED 照明灯作为通信基站，进行信息无线传输的室内通信系统。他们以 Gfeller 和 Bapst 的室内光传输信道为传输模型，将信道分为直接信道和反射信道两部分，并认为 LED 光源满足朗伯（Lambertian）照射形式，且以强度调制直接检测（IM - DD）为光调制形式

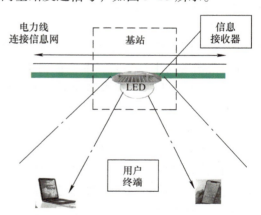

图 3-18　室内可见光通信组成示意图

进行了建模仿真，获得了数据率、误码率以及接收功率等之间的关系。认为当传送数据率在 10Mbit/s 以下的系统是可行的，码间干扰（Inter Symbol Interference，ISI）和多径效应是影响系统性能的两大因素。2001 年，Tanaka 等人在原来的基础上分别采用 OOK - RZ 调制方式与 OFDM 调制方式对系统进行了仿真，结果表明，当传送数据率在 100Mbit/s 以下时这两种调制技术都是可行的，当数据率大于 100Mbit/s 时，OFDM 调制技

术优于 OOK – RZ 调制技术。

2002 年，Tanaka 和 Komine 等人对 LED 可见光无线通信系统展开了具体分析，包括光源属性信道模型、噪声模型、室内不同位置的信噪比分布等，求出了系统所需的 LED 单元灯的基本功率要求，并分别以 OOK – RZ、OOK – NRZ、m – PPM 调制方式进行仿真分析，得到了不同条件下的误码率大小。同年 Komine 等人研究了由墙壁反射引起的多径效应对可见光无线系统造成的影响，分别以 OOK、2 – PPM、4 – PPM、8 – PPM 调制方式进行仿真，结果表明，在数据率小于 60Mbit/s，接收视场角小于 50°的条件下，采用 8 – PPM 调制方式可有效克服墙壁反射引起的多径效应。之后，Komine 等人继续对 LED 单元灯的设计布局、可见光传播信道（分直达信道和反射信道两部分）、室内人员走动导致的反射阴影、墙壁反射光、码间干扰对系统性能的影响等展开研究，并得出了不同接收视场角和不同数据传送率下，各因素对系统性能的影响曲线。同年，Komine 等人提出了一套结合电力线载波通信和 LED 可见光通信的数据传输系统。2005 年，Komine 等人利用基于最小均方误差算法的自适应均衡技术，来克服码间串扰（Inter – Symbol Interference，ISI）。仿真表明在数据率为 400Mbit/s 以下时，FIR 均衡器和 DFE 均衡器都可有效减少 ISI 的影响，当数据率高于 400Mbit/s 时，DFE 均衡器更能有效克服 ISI。

Tanaka 等人在可见光无线通信系统的研究工作，得到日本政府的重视。2006 年 11 月 28 日《科技日报》发布的报道称，日本总务省计划与 NTT 研究所及 NEC 公司等联手，共同开发一种利用照明灯光传输高速信息的可见光通信系统。日本政府将把这一技术作为下一代宽带网的普及无线通信形式之一。

（四）我国的可见光通信研究

经工业和信息化部认证，我国可见光通信系统关键技术研究近年获得重大突破，实时通信速度提高至 50Gbit/s，相当于 0.2s 即可完成一部高清电影的下载。

我国信息领域著名专家、中国工程院院士邬江兴介绍说，全球大约拥有 440 亿盏灯具构成的照明网络，数百亿的 LED 照明设备与其他设备融合，将构筑一个巨大的可见光通信网。可以设想，未来实现大规模可见光通信后，每盏灯都可以当作一个高速网络热点，人们等车的时候在路灯下就可下载几部电影，在飞机、高铁上也可借助 LED 光源无线高速上网，满足室内网、物联网、车联网、工业 4.0、安全支付、智慧城市、国防通信、武器装备、电磁敏感区域等网络末端无线通信需求，为"互联网＋"提供一种崭新的廉价接入方法。

邬江兴预测，在未来数十年内，信息的传输量将超出现有无线电频谱的承载能力，可见光通信技术可有效突破无线电频谱资源严重匮乏的困局，是具有广阔应用前景的下一代无线通信技术之一，可形成新型的近距离无线通信战略性新兴产业。

高速传输一直是可见光通信领域研究的焦点课题之一，解放军信息工程大学于宏毅研发团队采用光学和电学相协同的处理方法，突破了可见光空间通道相互干扰的高效抑制等关键技术，进入集成化、微型化设计与实现阶段。这所大学是国内较早从事可见光通信技术研发的科研单位，2013 年牵头承担了我国首个可见光 863 计划项目，并组建了"中国可见光通信产业技术联盟"。经过 3 年多的科技攻关，先后成功研发"可见光点播电视业务""可见光新型无线广播"及"可见光精确定位"等应用示范系统。

（五）可见光通信特点

可见光通信是利用半导体照明（LED）的光线实现"有光照就能上网"的新型高速数据传输技术。可见光通信技术绿色低碳，可实现近乎零耗能通信，还可有效避免无线电通信电磁信号泄露等弱点，快速构建抗干扰、抗截获的安全信息空间。

1. 优点

1）可见光的白光对人眼安全，室内照明的白光的功率可达 10W 以上，直至数十瓦，而调制信号一般只占可见光信号的 5% 左右，使可见光通信具有较高的信噪比，使之具有更大的带宽能力。

2）已开发出响应时间为 ns 级的发光二极管，且现在接收端使用的光电感应器已能识别高频段的闪光，实验段的传输速度已达到 500Mbit/s（相当每秒可传输 20 首 MP3 歌曲），所以通过可见光通信发射高速数据已成为可能，目前研制的可见光无线路由器已可提供 100Mbit/s 的传输速度。

3）可见光通信无电磁污染，白光与射频信号不互相干扰，所以可见光通信可应用于对电磁波敏感的环境场合，如飞机、医院、工业控制等射频敏感领域。

4）现在比较成熟的无线通信的传输效率约为 5%，大部分能量消耗在发热的冷却上，而可见光通信兼用照明、通信和控制、定位等功能，全世界已经普及 LED 照明灯具超过 400 亿只，可充分加以利用，发挥其能耗低、设备简单的优势，符合国家的节能减排战略。

5）可见光通信的关键器件，即 LED 的静态电容、信号的电调制频率与调制方式是涉及系统信号传输距离的关键，如果选择恰当，则其传输距离和传输速度都可以得到满意的结果。

6）由于可见光通信所采用频谱无需频谱申请和授权即可使用，所以应用灵活，既可单独使用，也可作为射频无线设备有效备份。

7）信息传输安全是可见光通信的特别优势，只要有可见光不可透过的障碍物隔离，信息网内的信息就不会外泄，所以可见光通信可以安全地应用在诸如飞机上视频信号的传输，水下信息的传输，医疗机构及军事、政治、贸易等信息的传输中要求具有高度安全性和保密性的场所。

2. 缺点

1）干扰问题：一方面如果环境光源比较强，可能 LiFi 会无法正常通信，主要原因是因为此时信噪比（SINR）会变差；另一方面，在同一区域内如果有两盏及以上灯具传输不同信息，或传输相同信息，而因路径距离不等，则可能会导致"重影现象"干扰。

2）光源（LED）的静态电容和动态阻抗对传输效率问题。

3）传输范围问题：因为光属于高频电磁波，频率越高衰减越快。目前的 WiFi 一般工作在 2.4G 和 5G 下，传输距离在 30~100m。可以想象可见光通信的高频光波及经电调制后的高频信号，会导致受散射、反射、多径传播的影响很大，一般也就只可以在一个房间里传播，如果传输距离稍远，则会使信号大幅度衰减，传输范围受限。

4）调制解调与上传问题：对于电信号的调制种类繁多，而且还要经过光亮度的二次调制，所以其信号的接收终端和信号上行传输的调制/解调类型必须与基站的调制/解调类型完全一致，否则无法在系统内进行信息的交换。

5）可见光通信因为是新型的无线传输方式，还有标准化问题，通信协议统一问题，白天必须开灯问题，与微信通信技术、蓝牙通信技术的市场竞争问题。

（六）可见光通信发展前景

杰里米·里夫金在《第三次工业革命》中曾经指出：解决目前能源短缺问题的一个重要出路在于把互联网技术与可再生能源相结合，在能源开采、配送、利用上从石油世纪的集中式变为智能化分散式，将全球的电网变成能源共享网络。他所定义的第三次工业革命将是能源和通信技术相结合而促成的最后一次工业革命，将会让世界的商业模式和社会模式发生翻天覆地的变化。

可见光通信技术如果能够成功的实现产业化，就是将杰里米·里夫金预测中的能源替换成随处可得的可见光光源，可见光光源成为信息源，能源和信息的分布式网络将能够共享实现。或许到了那一刻，我们才能够真正体现到该技术对社会变化的真正推动。

总之，LED 照明光无线通信在国外也还处在起步和摸索阶段，国内在这方面的研究刚刚起步，但其应用前景是被看好的，不仅可以用于室内无线接入，还可以为城市车辆的移动导航及定位提供一种全新的方法。汽车照明灯基本都采用 LED，可以组成汽车与交通控制中心、交通信号灯至汽车、汽车至汽车的通信链路。这也是 LED 可见光无线通信在智能交通系统的发展方向。其可应用的大系统应该包括以下几个方面。

（1）智能交通系统的信息传输　智能交通系统经由及时接收并发送有关交通运行状况等相关信息，可达到减少交通拥堵、燃油消耗及交通事故等目的。图像处理有助于行车人员开展交通信号灯识别、障碍物检测等信息接收，属于智能交通系统中的一项关键技术。可见光通信技术结合高速数据图像传感器在智能交通系统中有着十分可观的应用前景。相关研究人员研究结果得出，这一系统可于车辆在30km/h行车速度及在35m范围内发出源自256个LED阵列组成光源发送数据的有效接收。

（2）可见光通信高速数据传输　大数据量，诸如高速信息流下载、高清视频流传输等信息获取，已成当今社会中必不可少的一部分。可见光通信技术可借助发散角度小的特点进行数据传输，而可见光通信技术凭借其路径传输损耗相对低的特征，使得高带宽的安全数据流接收、发送得以实现。欧洲OMEGA工程实验并推出了一种有着100Mbit/s的4个高清数据流的可见光通信数据传输。采取正交频分多路复用技术，经由若干个LED光源，朝一定范围内光电二极管探测装置，进行数据传输。

（3）可见光通信技术在航空领域的应用　可见光通信技术在航空领域的应用有着十分显著的优势。可见光LED在新一代商用飞机上会得到广泛推广，依托可见光通信取代原本采用电缆、光缆的信息传输，可促进减少重量和体积、减轻电磁干扰及降低成本等，波音商用飞机平台正在实验和推进未来无限光网络方案的研究。

第四节　有线通信的光导纤维通信技术——OFC

一、光导纤维通信概述

光导纤维通信（Optical Fiber Communication，OFC）简称光纤通信，是利用光波作为载波，以光导纤维作为传输媒质，将信息从一处传至另一处的通信方式。

光纤由纤芯、包层和涂层组成，内芯一般为几十微米或几微米，中间层称为包层，通过纤芯和包层的折射率不同，从而实现光信号在纤芯内的全反射，也就是光信号的传输，涂层的作用就是增加光纤的韧性，保护光纤。

由于激光具有高方向性、高相干性、高单色性等显著优点，且光纤通信中的光波主要是激光，所以又叫作激光－光纤通信。

在光纤通信发送端，首先要把传送的信息（如语音）变成电信号，然后调制到激光器发出的激光束上，使光的强度随电信号的幅度（频率）变化而变化，并通过光纤发送出去；在接收端，检测器收到光信号后把它变换成电信号，经解调后恢复原信息。

光纤通信是现代通信网的主要传输手段，它的发展历史只有一二十年，却已经历三代，即短波长多模光纤、长波长多模光纤和长波长单模光纤。采用光纤通信是通信史上的重大变革，美、日、英、法等 20 多个国家已宣布不再建设电缆通信线路，而致力于发展光纤通信。中国光纤通信也已进入实用阶段。

二、光纤通信的发展历史

1966 年英籍华人高锟博士发表了一篇划时代的论文，他提出利用带有包层材料的石英玻璃光学纤维，能作为通信媒质。从此，开创了光纤通信领域的研究工作。

1977 年美国在芝加哥相距 7000m 的两电话局之间，首次用多模光纤成功地进行了光纤通信试验。0.85μm 波段的多模光纤为第一代光纤通信系统。

1981 年又实现了两个电话局间使用 1.3μm 多模光纤的通信系统，为第二代光纤通信系统。

1984 年实现了 1.3μm 单模光纤的通信系统，即第三代光纤通信系统。

20 世纪 80 年代中后期，实现了 1.55μm 单模光纤通信系统，即第四代光纤通信系统。

20 世纪末至 21 世纪初发明了第五代光纤通信系统，用光波分复用提高速度，用光波放大增长传输距离的系统，光孤子通信系统可以获得极高的速度，在该系统中加上光纤放大器有可能实现极高速度和极长距离的光纤通信。

三、光纤通信原理

（一）光纤通信简介

光纤通信（fiber - optic communication）属于有线通信的一种。光纤通信是以光作为信息载体，以光纤作为传输媒介的通信方式，首先将电信号转换成光信号，再通过光纤将光信号进行传递，光经过调制后便能携带信息。自 20 世纪 80 年代起，光纤通信系统对电信工业改革产生很大影响，同时也在数字时代里扮演非常重要的角色。光纤通信传输容量大，保密性好，现在已经成为最主要的有线通信方式之一。

（二）光纤通信的组成部分

最基本的光纤通信系统由光发信机、光收信机、光纤线路、中继器以及无源器件组成，如图 3-19 所示。其中光发信机负责将信号转变成适合在光纤上传输的光信号，光纤线路负责传输信号，而光收信机负责接收光信号，并从中提取信息，再转变成电信号，最后得到对应的语音、图像、数

图 3-19　光纤通信实验箱

据等信息。

（1）光发信机　由光源、驱动器和调制器组成，实现电/光转换的光端机。其功能是将来自电端机的电信号对光源发出的光波进行调制，成为已调光波，然后再将已调的光信号耦合到光纤或光缆中进行传输。

（2）光收信机　由光检测器和光放大器组成，实现光/电转换的光端机。其功能是将光纤或光缆传输来的光信号，经光检测器转变为电信号，然后，再将这电信号经放大电路放大到足够的电平，并送到接收端去。

（3）光纤线路　其功能是将发信端发出的已调光信号，经过光纤或光缆的远距离传输后，耦合到收信端的光检测器上去，完成传送信息任务。

（4）中继器　由光检测器、光源和判决再生电路组成。它的作用有两个，一个是补偿光信号在光纤中传输时受到的衰减；另一个是对波形失真的脉冲进行整形。

（5）无源器件　包括光纤连接器、耦合器等，用于完成光纤间的连接，光纤与光端机的连接及耦合。

光纤通信的原理是在发送端首先将要传送的信息（如语音）变成电信号，然后调制到激光器发出的激光束上，使光的强度随电信号的幅度（频率）变化而变化，并通过光纤，利用光的全反射原理传送。在接收端，检测器收到光信号后把它变换成电信号，经解调后恢复原信息。

光通信正是利用了全反射原理，当光的注入角满足一定的条件时，光便能在光纤内形成全反射，从而达到长距离传输的目的。光纤的导光特性基于光射线在纤芯和包层界面上的全反射，使光线限制在纤芯中传输。光纤中有两种光线，即子午光线和斜射光线，子午光线是位于子午面上的光线，而斜射光线是不经过光纤轴线传输的光线。

下面以光线在阶跃光纤中传输为例解释光通信的原理。

图 3-20 所示为阶跃型光纤，纤芯折射率为 n_1，包层的折射率为 n_2，且 $n_1 > n_2$，空气折射率为 n_0。在光纤内传输的子午光线，简称内光线，遇到纤芯与包层的分界面的入射角大于 θ_c 时，才能保证光线在纤芯内产生多次反射，使光线沿光纤传输。然而，内光线的入射角大小又取决于从空气中入射的光线进入纤芯中所产生折射角 θ_2，因此，空气和纤芯界面上入射光的入射角 θ_i 就限定了光能否在光纤中以全反射形式传输，与内光线入射角的临界角 θ_c 相对应，光纤入射光的入射角 θ_i 有一个最大值 θ_{max}。

当光线以 $\theta_i > \theta_{max}$ 入射到纤芯端面上时，内光线将以小于 θ_c 的入射角投射到纤芯和包层界面上。这样的光线在包层中折射角小于 90°，该光线将射入包层，很快就会露出光纤。

当光线以 $\theta_i < \theta_{max}$ 入射到纤芯端面上时，入射光线在光纤内将以大于的 θ_c 入

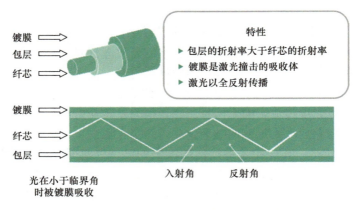

特性
- 包层的折射率大于纤芯的折射率
- 镀膜是激光撞击的吸收体
- 激光以全反射传播

镀膜
包层
纤芯

镀膜
纤芯
包层

光在小于临界角
时被镀膜吸收

入射角   反射角

图 3-20   光导纤维结构和光传输原理示意图

射角投射到纤芯和包层界面上。这样的光线在包层中折射角大于90°，该光线将在纤芯和包层界面产生多次反射，使光线沿光纤传输。

四、数字通信原理

（一）数字通信简介

数字通信是用数字信号作为载体来传输消息，或用数字信号对载波进行数字调制后再传输的通信方式。它可传输电报、数字数据等数字信号，也可传输经过数字化处理的语音和图像等模拟信号。数字通信的早期历史是与电报的发展联系在一起的。

（二）数字通信的结构组成

通信系统一般由信息源、发送设备、信道、接受设备、受信者以及噪声源几部分构成。各部分功能如下：

1）信源/信宿：产生发出/接收信息的人或机器。

2）信源编/译码：将信源送出的模拟信号数字化或将信源输出的数字信号进行变换以提高有效性，如 A－D 转换、压缩编码。

3）信道编/译码：提高数字通信的可靠性，又叫抗干扰编码，如差错控制编码。

4）调制：把信号频谱搬移到较高的频段上，以提高信号在信道上的传输速度，达到信号复用的目的，提高抗干扰性能。

5）同步：发送端和接收端要有统一的时间标准，使其步调一致或节拍一致，是数字通信的前提。

6）信道：信号的通路，即用来传输信号的媒质，在数字通信系统模型中，可将其分为狭义信道和广义信道。

7）噪声：在传输和接收之间进入的有害信号，也称为信道噪声，如起伏噪声、脉冲干扰、热噪声等。

（三）数字通信的优势

随着微电子技术和计算机技术的迅猛发展和广泛应用，数字通信在今后的通信方式中必将逐步取代模拟通信而占主导地位。与模拟通信系统相比，具有以下突出的优点：

1）数字传输的抗干扰能力强，尤其在帧中继时，数字信号可以再生而消除噪声的积累。

2）通信可靠性高，传输差错可控制，可有效改善传输质量。

3）便于使用现代的数字信号处理技术来对数字信息进行处理。

4）数字信息易于做高保密性的加密处理。

5）数字通信可以综合传递各种消息，使通信系统的功能增强，便于形成 IS-DN 网。

（四）数字通信的应用

1）已应用的：集群通信系统、蜂窝式移动电话、CT2 无绳通信。

2）正在发展中的：卫星宽带接入系统、宽带 CDMA 蜂窝系统、无线局域网等系统。

五、光纤通信的优势与不足

（一）光纤通信的优势

1）通信容量大、传输距离远。一根光纤的潜在带宽可达 20THz。采用这样的带宽，只需 1s 左右，即可将人类古今中外全部文字资料传送完毕。光纤传输信号的损耗极低，比任何其他传输媒质的损耗都低。通常使用光纤传输的距离可达几十，甚至上百千米。

2）信号干扰小、保密性能好。外界信号不会影响光纤内的信号。

3）抗电磁干扰、传输质量佳。电缆通信不能解决各种电磁干扰问题，但光纤通信可以不受任何电磁干扰。

4）无辐射，难于窃听。用电缆传输信号，可以在电缆外面获取这些传输信号；而光纤传输的光波不会跑出光纤以外，人们无法在光纤外面窃取传输信号。

5）材料来源丰富，环境保护好，有利于节约金属导体铜。

6）光纤尺寸小、重量轻，便于铺设和运输。

7）光缆适应性强，寿命长。

（二）光纤通信中的不足

1）光纤质地脆，机械强度差。

2）光纤的切断和连接需要特殊的工具、设备和技术。

111

3）光纤通信的分路、耦合不够灵活。

4）光纤光缆的弯曲半径不能过小（＞20cm）。

六、光纤通信各个部分的作用

现在，光纤通信已经很普遍了，但是光纤通信是怎么实现的？粗略地说，光纤通信需要如下设备：

1）信号发送端设备：它的作用是将电信号转变为光信号，用于光纤传输。它主要由电端机、光发信机组成。

2）信号中继设备：它由中继器和光纤光缆组成。它的作用是传输光信号，并对光经传输衰减后的信号以整形、放大，使信息传递得更远。

3）信号接收端设备：它的作用是将光信号转换为电信号，转变为人们所认知的信号（语音信号、图像信号、视频信号或控制信号等）。它主要由光收信机和电端机组成。

（一）发送端的作用

在发送端，电端机的主要作用是把模拟信号变为二进制（由0和1组成）的数字信号。无论是连续的模拟电信号，还是数字的电信号，都要变化为符合要求的二进制的数字电信号。

在发送端，要把二进制的电信号变为调制光信号（脉冲信号），这就是光端机的作用。调制办法之一是把有强弱变化的脉冲电信号，输入光源，光源能随着输入电压的不同发出强度不同的光束，即光强度能够随着电信号的变化而发生变化，这就是调制光信号。于是，调制好的光信号就可以通过光纤发送出去了。

在发送端，可以按照单个模式转换为光信号，称为单模；也可以把多个模式的调制光信号合在一起，由一根光纤传输多个信号，这就是多模。

光源具有非常重要的地位，可作为光纤光源的有白炽灯、激光器和半导体光源等。半导体光源是利用半导体的pn结将电能转换成光能的，常用的半导体光源有半导体发光二极管（LED）和激光二极管（LD）。

半导体光源因其体积小、重量轻、结构简单、使用方便、与光纤易于相容等优点，在光纤传输系统中得到了广泛的应用。

（二）接收端的作用

在接收端，光端机把调制光信号照射到光敏元件上，调制光信号的强弱变化导致电信号的强弱变化，从而实现光信号的解调。

在接收端，解调的光信号经电端机作用，还原为数字电信号，这是和发送端一样的数字电信号。在发送端如果发送的是多模光信号，那么在接收端，需经分波器将多种模式的光信号分开。

接收端的工作过程是发送端的逆过程。

（三）光纤的结构与作用

粗略地讲，光纤是由纤芯、内包层、外包层构成的。纤芯的基本材料是高纯度石英玻璃，也就是二氧化硅，纤芯是只有头发 1/10 粗的细丝，高纯度的二氧化硅怎么制作要用到化学蒸汽沉积法。高纯度石英玻璃丝对光信号的损耗低，光损耗越低，光信号传输的质量越好，传输的距离越远。

内包层的光折射率要求比纤芯的光折射率低，光纤纤芯的折射率略高于包层的折射率，这样可保证将光信号限制在纤芯里传输。最新的内包层材料是在纯二氧化硅里掺极少量的四氟化硅。掺杂的作用是降低内包层材料的光折射率。

内包层外面还要涂一种涂料，可用硅铜或丙烯酸盐。涂料的作用是保护光纤不受外来的损害，用来增加光纤的机械强度。

光纤的外包层是套层，它是一种塑料管，也是起保护作用的，不同颜色的塑料管还可以用来区别各条光纤通道。纤芯的材料最常见的是石英玻璃光纤，也就是二氧化硅材料，根据不同的目的，可以在其中参入不同量的稀有元素。掺杂的目的主要是改变玻璃光纤的折射率、信道范围及软化温度。如果需要纤芯提高折射率，则可掺杂二氧化锗；如果需要降低折射率，则可掺杂氟元素。

其实，纤芯只要能传输光就行，所以也可以用塑料制作光纤，或在石英玻璃中参入多种组分，如参入氧化钠、氧化钾、氧化钙、氧化硼等其他氧化物，还可以掺入铒、铷、镨等稀土元素。但是，每种掺杂光纤都必须科学测试其应用性能，例如要测试频带范围，找到最适宜传输的光信号频率；又如要测试光信号的传输衰减情况，必须使用中继器放大光信号的传输距离等。

近年来还研发出新的光纤材料，如 ZrF4、LaF3 和 BaF2 的氟玻璃，其性能优于二氧化硅，光损失更小，上万千米的光信号传输不需要任何中继站。

（四）中继器

数字信号在光纤中长距离传输时一定会有损耗，中继器的主要作用是把弱的数字信号放大并重新发送，借此扩大信息传输的距离，如图 3-21 所示。

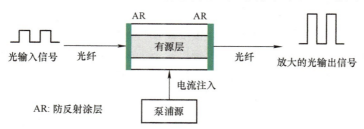

图 3-21　光纤通路中的中继器示意图

在光纤通信的初始阶段，中继器是把弱的光信号转化为电信号，再次转化为强的光信号传送的。

113

现在，技术进步了，可以把弱的光信号直接在光纤通路中放大为强的光信号，中继传输更为方便实用了。

这种全光传输型中继器是在光纤通路中接入一小段掺杂石英光纤，这是在石英光纤的纤芯中掺入稀土元素，采用泵浦激光激发稀土元素的能级，使得弱的光信号得到放大。常用的中继设备有掺铒光纤放大器、掺镨光纤放大器、掺铌光纤放大器。目前普遍采用的是掺铒光纤放大器。

掺铒光纤是采用特殊工艺，在光纤芯层中掺入极小浓度的稀土元素铒，经光谱分析得知，它对波长为550nm、650nm、810nm、980nm和1480nm波的吸收能力强，于是就用这种特殊波长的激光去激励掺铒光纤中的铒离子，使得铒离子处于高激发态，在信号光的诱导下，产生受激辐射，从而把弱的光信号增强放大。这里，能够使物质离子处于高激发态的特殊波长的光就称为泵浦光。当然，不同的物质有不同的泵浦光。

对于石英掺铒光纤，980nm和1480mn光波长的光泵浦效率最高，实用中多采用的是980nm和1480mn波长的泵浦源半导体激光器，它们的光功率一般为数10mW。

同样的道理，可以在石英光纤的芯层中，掺镨、掺铌，做成中继器，此时的泵浦光波长也要随之改变。

掺铒光纤放大器是20世纪90年代初期研制成功的，它解决了光纤通信中的关键性问题。例如，原来的光通信中，光信号放大是采用光－电－光模式，结构复杂且成本高，而现在的全光中继器结构简单、成本很低。例如，原来的光通信分支困难，几次通信分支会使信号变得很弱，终端无法工作；采用现在的全光通信放大器后，发出的功率增大了，虽经过多分支，用户端仍能正常接收较强的信号。全光信号放大器的出现和发展克服了高速传输距离的最大障碍，使全光通信距离延长至几千千米，给光纤通信带来了革命性的变化，被誉为光通信发展的一个里程碑。

（五）光纤的焊接

光纤连接需要高质量的焊接，焊接中需要特殊的激光。因此，要实现这种高质量的光纤焊接，需要特殊的光纤焊接机。下面大致介绍一下光纤的焊接过程。

1）用特殊剥离钳子，剥离出裸光纤，并用酒精清洁裸光纤。

2）对裸光纤切割，要求切面平整、洁净。

3）把待焊接的裸光纤放入光纤焊接机中，光纤相向移动，纤芯或包层对准，当光纤端面之间的间隙合适时，采用特殊的激光加热，将左边和右边的光纤熔合起来。

4）焊接机要检测焊接质量，计算损耗，必须符合焊接标准。

5）在焊接部位用套筒保护并固定。

顺便介绍一下脉冲激光焊接工艺，对于不同的材料、焊缝的宽度，选择激光脉冲的频率、波形、宽度、峰值功率等参数，焊接先进、快速、灵活、成本低、质量高，小到芯片的焊接，大到轮船的焊接都在发展激光焊接。

激光焊接是继计算机、半导体之后，人类的又一重大发明，它作为切割和焊接的新手段应用于工业生产，具有很大的发展潜力，今后会有越来越多的场合采用激光焊接技术。

七、光纤通信的技术分类

（一）主要部分

就光纤通信技术本身来说，应该包括光纤光缆技术、光交换技术传输技术、光有源器件、光无源器件以及光网络技术等。

（二）光纤光缆

光纤技术的进步可以从两个方面来说明，一是通信系统所用的光纤，二是特种光纤。早期光纤的传输窗口只有 3 个，即 850nm（第一窗口）、1310nm（第二窗口）以及 1550nm（第三窗口）。近几年相继开发出第四窗口（L 波段）、第五窗口（全波光纤）以及 S 波段窗口。其中特别重要的是无水峰的全波窗口。这些窗口开发成功的巨大意义就在于从 1280～1625nm 的广阔的光频范围内，都能实现低损耗、低色散传输，使传输容量增长几百倍、几千倍，甚至上万倍。这一技术成果将带来巨大的经济效益。另一方面是特种光纤的开发及其产业化，这是一个相当活跃的领域。

（三）特种光纤的种类

1. 有源光纤（active optical fiber）

这类光纤主要是指掺有稀土离子的光纤。如掺铒（Er^{3+}）、掺钕（Nb^{3+}）、掺镨（Pr^{3+}）、掺镱（Yb^{3+}）、掺铥（Tm^{3+}）等，以此构成激光活性物质。这是制造光纤光放大器的核心物质。不同掺杂的光纤放大器应用于不同的工作波段，如掺铒光纤放大器（EDFA）应用于 1550nm 附近（C、L 波段）；掺镨光纤放大器（PDFA）主要应用于 1310nm 波段；掺铥光纤放大器（TDFA）主要应用于 S 波段等。这些掺杂光纤放大器与拉曼（Raman）光纤放大器一起给光纤通信技术带来了革命性的变化。它的显著作用是：直接放大光信号，延长传输距离；在光纤通信网和有线电视（CATV）网中作分配损耗补偿；此外，在波分复用（WDM）系统中及光孤子通信系统中是不可缺少的关键元器件。正因为有了光纤放大器，才能实现无中继器的百万千米的光孤子传输。也正是有了光纤放大器，不仅能使 WDM 传输的距离大幅度延长，而且也使得传输的性能最佳化。

2. 色散补偿光纤（Dispersion Compensation Fiber，DCF）

常规 G.652 光纤在 1550nm 波长附近的色散为 17ps/nm×km。当速度超过

2.5Gbit/s 时，随着传输距离的增加，会导致误码。若在 CATV 系统中使用，则会使信号失真。其主要原因是正色散值的积累引起色散加剧，从而导致传输特性变坏。为了克服这一问题，必须采用色散值为负的光纤，即将反色散光纤串接入系统中以抵消正色散值，从而控制整个系统的色散大小，这里的反色散光纤就是所谓的色散补偿光纤。在 1550nm 处，反色散光纤的色散值通常在 −50~200ps/nm×km。为了得到如此高的负色散值，必须将其芯径做得很小，相对折射率差做得很大，而这种做法往往又会导致光纤的衰耗增加（0.5~1dB/km）。色散补偿光纤是利用基模波导色散来获得高的负色散值，通常将其色散与衰减之比称作质量因数，质量因数当然越大越好。为了能在整个波段均匀补偿常规单模光纤的色散，又开发出一种既能补偿色散又能补偿色散斜率的双补偿光纤（DDCF）。该光纤的特点是色散斜率之比（RDE）与常规光纤相同，但符号相反，所以更适合在整个波形内的均衡补偿。

3. 光纤光栅（fiber grating）

光纤光栅是利用光纤材料的光敏性在紫外光的照射（通常称为紫外光"写入"）下，于光纤芯部产生周期性的折射率变化（即光栅）而制成的。使用的是掺锗光纤，在相位掩膜板的掩蔽下，用紫外光照射（在载氢气氛中），使纤芯的折射率产生周期性的变化，然后经退火处理后可长期保存。相位掩膜板实际上为一块特殊设计的光栅，其正负极衍射光相交形成干涉条纹，这样就在纤芯逐渐产生成光栅，光栅周期为模板周期的1/2。众所周知，光栅本身是一种选频器件，利用光纤光栅可以制作成许多重要的光无源器件及光有源器件，例如，色散补偿器、增益均衡器、光分插复用器、光滤波器、光波复用器、光模或转换器、光脉冲压缩器、光纤传感器以及光纤激光器等。

4. 多芯单模光纤（Multi-Coremono-Mode Fiber，MCF）

多芯光纤是一个共用外包层、内含有多根纤芯，而每根纤芯又有自己的内包层的单模光纤。这种光纤的明显优势是成本较低，生产成本比普通的光纤降低50%左右。此外，这种光纤可以提高成缆的集成密度，同时也可降低施工成本。以上是光纤技术在近几年里所取得的主要成就。至于光缆方面的成就，则认为主要表现在带状光缆的开发成功及批量化生产方面。这种光缆是光纤接入网及局域网中必备的一种光缆。光缆的含纤数量达千根以上，有力地保证了接入网的建设。

（四）光有源器件

光有源器件的研究与开发本来是一个最为活跃的领域，但由于前几年已取得辉煌的成果，所以当今的活动空间已大大缩小。超晶格结构材料与量子阱器件已完全成熟，而且可以大批量生产，已完全商品化，如多量子阱激光器（MQW-LD，MQW-DFBLD）。

除此之外，还在下列几方面取得重大成就。

1. 集成器件

这里主要指光电集成（OEIC），已开始商品化，如分布反馈激光器（DFB-LD）与电吸收调制器（EAMD）的集成，即 DFB-EA；其他发射器件的集成，如 DFB-LD、MQW-LD 分别与 MESFET 或 HBT 或 HEMT 的集成；接收器件的集成主要是 PIN、金属、半导体、金属探测器分别与 MESFET 或 HBT 或 HEMT 的前置放大电路的集成。虽然这些集成都已获得成功，但还没有商品化。

2. 垂直腔面发射激光器（VCSEL）

由于便于集成和高密度应用，因此垂直腔面发射激光器受到广泛重视。这种结构的器件已在短波长（ALGaAs/GaAs）方面取得巨大的成功，并开始商品化；在长波长（InGaAsF/InP）方面的研制工作早已开始进行，也有少量商品。可以断言，垂直腔面发射激光器将在接入网、局域网中发挥重大作用。

3. 窄带响应可调谐集成光子探测器

DWDM 光网络系统信道间隔越来越小，甚至可以到 0.1nm。为此，探测器的响应谱半宽也应基本上达到这个要求。恰好窄带探测器有陡锐的响应谱特性，能够满足这一要求。集 F-P 腔滤波器和光吸收有源层于一体的共振腔增强（RCE）型探测器能提供一个重要的全面解决方案。

4. 基于硅基的异质材料的多量子阱器件与集成（SiGe/Si MQW）

这方面的研究是一大热点。众所周知，硅（Si）、锗（Ge）是间接带隙材料，发光效率很低，不适合制作光电子器件，但是 Si 材料的半导体工艺非常成熟。于是人们设想，利用能带剪裁工程使物质改性，以达到在硅基基础上制作光电子器件及其集成（主要是实现光电集成，即 OEIC）的目的，这方面已取得巨大成就。在理论上有众多的创新，且在技术上有重大的突破，器件水平日趋完善。

（五）光无源器件

光无源器件与光有源器件同样是不可缺少的。由于光纤接入网及全光网络的发展，导致光无源器件的发展空前热门。常规的器件已达到一定的产业规模，品种和性能也得到了极大的扩展和改善。

所谓光无源器件就是指光能量消耗型器件、其种类繁多、功能各异，在光通信系统及光网络中主要的作用是：连接光波导或光路，控制光的传播方向，控制光功率的分配，控制光波导之间、器件之间和光波导与器件之间的光耦合，合波与分波，光信道的上下与交叉连接等。早期的几种光无源器件已商品化。其中光纤活动连接器无论在品种和产量方面都已有相当大的规模，不仅满足国内需要，而且有少量出口。光分路器（功分器）、光衰减器和光隔离器已有小批量生产。随着光纤通信技术的发展，相继又出现了许多光无源器件，如环行器、色散补偿器、增益平衡器、光的上下复用器、光交叉连接器、阵列波导光栅 CAWG 等。这些都还处于研发阶段或试生产阶段，有的也能提供少量商品。按光纤通信技术发展的一般规律来看，当光纤接入网大规模兴建时，光无源器件的需求量远远大于对光有源器件的需求。这主要是由接入网的特点所决定的，接入网的市场约为整个通信市场的 1/3。因而，接入网产品有巨大的市场及潜在的市场。

（六）光复用技术

光复用技术种类很多，其中最为重要的是波分复用（WDM）技术和光时分复用（OTDM）技术。光复用技术是当今光纤通信技术中最为活跃的一个领域，它的技术进步极大地推动光纤通信事业的发展，给传输技术带来了革命性的变革。波分复用当前的商业水平是 273 个或更多的波长，研究水平是 1022 个波长（能传输 368 亿路电话）的潜在水平为几千个波长，理论极限约为 15000 个波长（包括光的偏振模色散复用，OPDM）。据 1999 年 5 月多伦多的 Light Management Group Inc. of Toronto 演示报，在一根光纤中传送了 65536 个光波，把 PC 数字信号传送到 200m 的广告板上，并采用声光控制技术，这说明了密集波分复用技术的潜在能力是巨大的。OTDM 是指在一个光频率上，在不同的时刻传送不同的信道信息。这种复用的传输速度已达到 320Gbit/s 的水平。若将 DWDM 与 OTDM 相结合，则会使复用的容量增加得更大，如虎添翼。

（七）光放大技术

光放大器的开发成功及其产业化是光纤通信技术中的一个非常重要的成果，它大幅度促进了光复用技术、光孤子通信以及全光网络的发展。顾名思义，光放大器就是放大光信号。在此之前，传送信号的放大都是要实现光电变换及电光变换，即 O/E/O 变换。有了光放大器后就可直接实现光信号放大。光放大器主要有 3 种，即光纤放大器、拉曼放大器以及半导体光放大器。光纤放大器就是在光纤中掺杂稀土离子（如铒、镨、铥等）作为激光活性物质，每一种掺杂剂的增益带宽是不同的。掺铒光纤放大器的增益带较宽，覆盖 S、C、L 频带；掺铥光纤放大器的增益带是 S 波段；掺镨光纤放大器的增益带在 1310nm 附近。而拉曼光放大器则是利用拉曼散射效应制作成的光放大器，即大功率的激光注入光纤后，会发生非线性效应拉曼散射。在不断发生散射的过程中，把能量转交给信号光，从而使信号光得到放大。由此不难理解，拉曼放大是一个分布式的放大过程，即沿整个线路逐渐放大的过程。其工作带宽可以是很宽的，几乎不受限制。这种光放大器已开始商品化了，不过相当昂贵。半导体光放大器（SOA）一般是指行波光放大器，工作原理与半导体激光器相类似。其工作带宽很宽，但增益幅度稍小一些，制造难度较大。这种光放大器虽然已投入实用了，但产量很小。

到此，已经系统、全面地介绍了光纤通信技术的重大进展，至于光纤通信技术的发展方向，可以概括为两个方面：一是超大容量、超长距离的传输与交换技术；二是全光网络技术。

（八）光交换技术

随着通信网络逐渐向全光平台发展，网络的优化、路由、保护和自愈功能在光通信领域中越来越重要。采用光交换技术可以克服电子交换的容量瓶颈问题，实现网络的高速率和协议透明性，提高网络的重构灵活性和生存性，大量节省建网和网络升级成本。光交换技术可分成光的电路交换（OCS）和光分组交换（OPS）两种主要类型。光的电路交换类似于现存的电路交换技术，采用 OXC、OADM 等光器件设置光通路，中间节点不需要使用光缓存，对 OCS 的研究已经较为成熟。根据交换对象的不同 OCS 又可以分为以下 4 种。

1）光时分交换技术，时分复用是通信网中普遍采用的一种复用方式，时分光交换就是在时间轴上将复用的光信号的时间位置 t_1 转换成另一个时间位置 t_2。

2）光波分交换技术，是指光信号在网络节点中不经过光/电转换，直接将所携带的信息从一个波长转移到另一个波长上。

3）光空分交换技术，即根据需要在两个或多个点之间建立物理通道，这个通道可以是光波导也可以是自由空间的波束，信息交换通过改变传输路径来完成。

4）光码分交换技术，光码分复用（OCDMA）是一种扩频通信技术，不同户的信号用互成正交的不同码序列填充，接受时只要用与发送方相同的法序列进行相关接受，即可恢复原用户信息。光码分交换的原理就是将某个正交码上的光信号交换到另一个正交码上，实现不同码子之间的交换。

八、光纤的应用

光纤是传输光信号的一种有线通道，光纤除了用于通信之外，还有很多其他的用途，根据不同的用途又使用不同材料，制造出不同性能的光纤。

有的用途要求光纤的折射率高或低；有的要求光纤的散射率高或低；有的要求传输距离远或近；有的要求同时传输多种模式的光信号；有的要求传输非通信的光信号，有的要求传输特殊光线（例如红外光、紫外光）的效果好；有的要求尺寸与器件匹配；因此的光纤品种非常多。

下面仅介绍几种常见的光纤。

（一）单模光纤与多模光纤

所谓单模光纤，就是仅传输一种模式光信号的光纤，要求传输稳定且传输距离远，要求光信号损耗小，自然要求纤芯的纯度高、色散小。

所谓多模光纤，就是能传输多种模式光信号的光纤，多种模式的光信号波长不一，在传输过程中的色散和损耗较大，无法远距离传输。实际应用中也有很多短距离传输要求的，例如楼宇之间，小区之间，局域网路、机房内部的传输，而且传输节点多、接头多、弯路多，这样的光纤直径可以粗些，纯度可以低些。

（二）单模光纤和多模光纤的区别（见图3-22）

1）单模的传输带宽窄，信号的模式单一；多模传输带宽大，可同时传输多种模式的信号。

2）单模传输距离远，一般传输几十千米；多模传输距离近，一般只有几百米。

3）单模光纤价格比较高，多模光纤价格便宜；单模通常使用激光作为光源，价格贵；而多模光纤通常用便宜的 LED 光源，便宜。

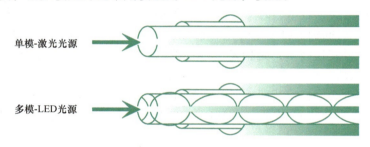

单模-激光光源

多模-LED光源

图 3-22 单模光纤与多模光纤结构示意图

仅从光纤的角度看，虽然单模光纤性能比多模光纤好，但是从整个网络使用光纤的角度看，多模光纤则占有更大的优势。多模光纤一直是网络传输介质的主体。

将来常常要求传输模式多，传输速度快（1Gbit/s、10Gbit/s），但是 LED 的最大调制频率一般只有 600MHz，所以需要研制新一代的，使用激光光源的多模光纤。

（三）光缆和光电复合缆

光缆就是把多根光纤集合在一起，如图 3-23 所示有用于屋外和屋内之分，对于屋外光缆，可用于海底光缆，做高压电塔上之空架光缆，做核能电厂之抗辐射光缆，做化工业之抗腐蚀光缆等。

光电复合缆是将输电铜线与光纤集合在一起做成缆，从而可以一次性同步解决基站的设备供电和信号接入问题。

光电复合缆的结构并不复杂，中间有一个加强芯，光纤和输电线芯分布在加强芯周围，用防水阻燃材料包裹起来即可。

根据实际用途，光电复合缆可以分为管道型、架空型、直埋型、室内布线

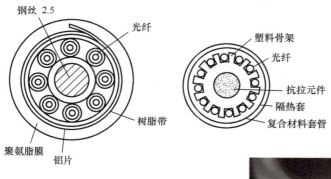

图 3-23 光缆结构与实物图

型、特殊用途型等多种类型。光电复合缆主要用于室外,可以为通信室外宏站提供电力输送和信号传输,应用最多的是海底光电复合缆。

（四）光纤技术在医学内窥镜领域中的应用

内窥镜技术现在已成为促进医学发展的一种强有力的工具。因光纤束柔软,可以弯曲,所以用光纤制成的医用内窥镜可以灵活地插入体腔,一方面可以把外部光源发出的光通过光纤束导入体内,照亮体内需要检查的部位;另一方面,再由光纤束把观察到的体内器官的病变图像传出体外,供医生观看或照相、摄像记录。

目前已研制出各种用途的医用光纤内窥镜。除胃镜外,还有膀胱镜、直肠镜、食道镜、支气管镜、腹腔镜、结肠镜、小儿专用内窥镜等,如图 3-24所示。

内窥镜还可以配置其他的用途。例如,作胃镜检查时,可配置活体取样钳,直观地钳取组织标本;可配置 Ph 计,直接测出食道或胃黏膜的 pH 酸碱度。在内窥镜下可作局部止血处理,可避免通常手术止血的复杂过程。内窥镜还可配置治疗工具,如对肠息肉,可使用激光切除,减轻手术给病人造成的痛苦。

图 3-24 光纤在医疗
内窥镜中的应用

（五）光纤技术在军事领域的应用

1. 光纤技术的军事通信应用

光纤技术在陆上的军事通信应用主要包括三个方面:

1）战略和战术通信的远程系统;

2）基地间通信的局域网；

3）卫星地面站、雷达等设施之间的连接。

2. 光纤技术在雷达和微波系统方面的应用

雷达天线和雷达控制中心之间通信连接的技术要求高，需要更小的传输损耗，更快的传输速度，更宽的频段，更高的信号频率。原来用同轴电缆无法同时满足那么多高要求，尤其是信号传输损耗大，信号频率不能太高，连接距离只能300m左右；但现在用光纤连接，传输损耗低、频带宽的优点就体现出来了，连接距离也扩大到 2~5km。

3. 光纤系绳武器

例如，系留光缆的气球载有雷达，气球升空高度 600~6000m，有效载荷 100~2000kg，持续滞空时间 15~30 天，可起到类似高空预警机的功能；系留光纤的导弹，制导打击坦克和武装直升机；用光纤控制无人战车，可将各种侦察装置及武器送到危险战区，执行诸如侦察、探雷、排雷、清除障碍和弹药补给等任务；用光纤控制水下无人深潜器，利用各种设备可进行地形测绘、调查打捞沉船和坠海飞机、营救潜艇、反潜监听、布设和排除水雷等。

4. 光纤水听器系统

水听器是接收水下声波，把声波转换成电信号，像分析雷达信号那样，对水下目标进行探测、定位与识别。采用声－电－光技术，即把声波转换成电信号，采用光通信的方法，将声信号改变为调制激光信号，再采用光纤传输，这就做成了光纤水听器。

光纤水听器具有灵敏度高、频带范围宽、信号传输损耗小、抗电磁干扰能力强、适应恶劣环境、结构轻巧等优点。特别地，在大范围水域内，用光纤水听器构成列阵，可以检测静噪潜艇，适应国家反潜战略的要求，是国防技术的重点内容之一。

5. 光纤在飞行器内部的应用

对战术飞机来说，机内有长达数米的电缆，其电磁辐射将会被雷达所发现，现在采用机载光纤系统，不仅减轻重量，而且对"隐形"有帮助。

6. 光纤技术在安防监控领域的应用

监控技术在全球得到广泛关注，我国也发展得很快。监控系统主要由摄像头，传输线，存储和信号处理器组成。

（六）光纤用于摄像头信号传输

1）易于隐蔽地敷设光纤监控网络系统。

2）具有防破坏性。因为隐蔽性和抗电磁干扰，所以光纤监控系统可以规避损毁，也能够止破坏。

3）因为传输信号的损耗小，可以无中继长距离传输，对能源依赖小，所以整个监控区域的传感网络均无需电力供应，即使拉闸断电也不会导致安防系统瘫痪。

九、我国光纤通信技术发展状况

光纤通信的建设费用正随着使用数量的增大而降低，同时还具有体积小，重量轻，使用金属少，抗电磁干扰、抗辐射性强，保密性好，频带宽，抗干扰性好，防窃听，价格便宜等优点。世界上光纤通信技术的发展极其迅速，至1991年底，全球已敷设光缆563万千米，到1995年已超过1100万千米。光纤通信在单位时间内能传输的信息量大。一对单模光纤可同时开通35000个电话，而且它还在飞速发展。我国的光纤通信技术在创新、发展和实际使用方面，始终走在世界前列。

（一）起步阶段

1973年，世界光纤通信尚未实用。邮电部武汉邮电科学研究院（原武汉邮电学院）就开始研究光纤通信。由于武汉邮电科学研究院采用了石英光纤、半导体激光器和编码制式通信机的正确技术路线，使中国在发展光纤通信技术上少走了不少弯路，从而使中国光纤通信在高新技术的起步中与发达国家几乎同步进行。

（二）自主研发

中国研究开发光纤通信处于封闭状态时期。国外技术基本无法借鉴，一切都要自己摸索研发，包括光纤、光电子器件和光纤通信系统。就研制光纤来说，原料提纯、熔炼石英玻璃，设备主要为车床、拉丝机，还包括光纤的测试仪表和接续工具，无任何技术和工艺的借鉴，困难极大。武汉邮电科学研究院考虑到保证光纤通信最终能为经济建设所用，开展了全面研究，除研制光纤外，还开展光电子器件和光纤通信系统的研制，使中国至今具有了完整的光纤通信产业。

（三）实用期

1978年改革开放后，光纤通信的研发工作大幅度加快。上海、北京、武汉和桂林都研制出光纤通信试验系统。1982年邮电部重点科研工程"八二工程"在武汉开通。该工程被称为第一条实用化工程，要求一切是商用产品而不是试验品，要符合国际CCITT标准，要由设计院设计、工人施工，而不是科技人员施工。从此中国的光纤通信进入实用阶段。

在20世纪80年代中期，数字光纤通信的速率已达到144Mbit/s，可传送1980路电话，超过同轴电缆载波。于是，光纤通信作为主流被大量采用，在传输干线上全面取代电缆。经过国家"六五""七五""八五"和"九五"计划，中国已建成"八纵八横"干线网，连通全国各省区市。中国已敷设光缆总长约

123

250 万千米。光纤通信已成为中国通信的主要手段。在国家科技部、计委、经委的安排下，1999 年中国生产的 8×2.5Gbit/sWDM 系统首次在青岛至大连开通，随之沈阳至大连的 32×2.5Gbit/sWDM 光纤通信系统开通。2005 年 3.2Tbit/s 超大容量的光纤通信系统在上海至杭州开通，是至今世界容量最大的实用线路。

（四）发展前景

中国已建立了一定规模的光纤通信产业，中国生产的光纤光缆、半导体光电子器件和光纤通信系统能供国内建设，并有少量出口。

有人认为，中国光纤通信主要干线已经建成，光纤通信容量达到 Tbit/s，几乎用不完，再则 2000 年的 IT 泡沫，使光纤的价格低到每千米 100 元，几乎无利可图，因此不需要发展光纤通信技术了。但光纤本身制造属性决定了光纤仍然有较大的发展空间，即新光纤研制和光子晶体。实际上，特别是在中国，省内农村仍有许多空白需要建设；随着宽带业务的发展、网络需要扩容等，光纤通信仍有巨大的市场。每年光纤通信设备和光缆的销售量是上升的。

（五）我国光纤通信行业的发展史介绍

1. 中国第一个实用光传输系统工程（简称"八二工程"）

1982 年 12 月底，从汉口到武昌，穿城区跨长江，全长 13.6 千米的 8Mbit/s 市话光缆正式开通启用，标志着我国开始走进数字通信时代。"八二工程"的建成是我国光纤通信发展史上一个重要的里程碑，它标志着我国自主开发的光纤通信技术已由基本技术的准备阶段，发展到实用化、定型生产和应用推广阶段。它使光纤通信由科研成果转化为现实的生产力，这对迅速改变我国通信落后面貌，加速国家信息化建设具有深远意义。"八二工程"是邮电部的重点工程。当时武汉邮电研究院主要负责光器件、光传输等产品的研制，赵梓森院士亲自领导整个项目，是项目总负责人。

2. 中国第一条长途光缆工程

"八二工程"的成功为后来的光缆建设树立了标杆。从此光纤用于城市本地网的传输迅速推广，同时光纤开始起步用于长途传输。1986 年吴基传部长到武汉邮电研究院视察工作时指示说，湖北应该充分利用武汉邮电科学研究院在光纤通信领域的优势，大胆尝试长途光传输。于是中国第一条长途光缆，即汉荆沙光缆开始规划建设。汉荆沙光缆是武汉—荆州—沙市的省内二级干线，1987 年建成投入使用，有效解决了当时话务量飙升长途线路严重不足的问题。从此光缆用于省内二级干线迅速普及。

3. 全国一级干线光缆

在此基础上，1989 年邮电部开始规划建设全国一级干线光缆，即"八纵八横"光缆。其中第一条是从南京到武汉的宁汉光缆。这条光缆在 1989 年 10 月全线开通。全长 900 多千米的宁汉光缆竣工后，汉渝光缆开始建设。至此，宁汉渝东西干线全线贯通。

接下来建设的是京汉广光缆。宁汉渝和京汉广光缆呈十字交叉状，交点就在武汉。所以当时武汉电信局长途机房的面积之大，设备种类之多，一度超过了广东局和北京局。

在我国基础光缆建设的同时，还经历了通信行业几次大的重组。从邮电部到信产部再到工信部的时代，这期间发生了很多重要的历史事件，从政企合一的邮电局，到政企分开、邮电分营，再到寻呼剥离、移动剥离、联通成立、网通成立、电信重组等。

关于通信行业未来的发展，如今很多人认为通信行业红利消退，行业下行，但是未来应该会是通信业的社会功能更加重要的时代。如今网络已经成为社会的基础设施，网络之于社会之于各行各业，就像电一样须臾不可缺少。到了 5G 时代，网络已经成为重要的基础设施，就像第二次工业革命给人类带来电。网络发展经历了从娱乐互联网到今天的消费互联网，目前正在走向产业互联网。

中国通信行业能有今天这样的成就，无数通信前辈做出了巨大贡献，上至院士专家，下至普通的线务员、话务员，愿借此机会向他们致以深深的敬意。

十、光纤通信技术的发展趋势

对光纤通信而言，超高速度、超大容量和超长距离传输一直是人们追求的目标，而全光网络也是人们不懈追求的梦想。

（1）波分复用系统　超大容量、超长距离传输技术波分复用技术极大地提高了光纤传输系统的传输容量，在未来跨海光传输系统中有广阔的应用前景。波分复用系统发展迅猛。6Tbit/ 的 WDM 系统已经大量应用，同时全光传输距离也在大幅度扩展。提高传输容量的另一种途径是采用光时分复用（OTDM）技术，与 WDM 通过增加单根光纤中传输的信道数业提高其传输容量不同，OTDM 技术是通过提高单信道速度来提高传输容量的，其实现的单信道最高速度可达640Cbit/s。

（2）光孤子通信　光孤子是一种特殊的 ps 数量级的超短光脉冲，由于它在光纤的反常色散区，群速度色散和非线性效应相应平衡，因而经过光纤长距离传输后，波形和速度都保持不变。光孤子通信就是利用光孤子作为载体实现长距离无畸变的通信，在零误码的情况下信息传递可达万里之遥。

（3）全光网络　未来的高速通信网将是全光网。全光网是光纤通信技术发展的最高阶段，也是理想阶段。传统的光网络实现了节点间的全光化，但在网络结点处仍采用电器件，限制了通信网干线总容量的进一步提高，因此，真正的全光网已成为一个非常重要的课题。全光网络以光节点代替电节点，节点之间也是全光化，信息始终以光的形式进行传输与交换，交换机对用户信息的处理不再按比特进行，而是根据其波长来决定路由。

十一、光纤通信技术小结

光电信号转换、光信号调制、光信号传输、光纤制作、光信号放大等，处处都存在高技术含量的问题。虽然现在应用光纤已经比较广泛了，但是，光通信无论在应用扩展方面，还是在技术研究发展方面，都还处在发展过程中，还有很多问题有待解决。

第四章

通信技术的综合应用举例——
多通道反向脉冲编码调制的可见光通信系统设计

第一节　脉冲编码调制的基础知识解析

一、模拟信号相位调制的量化

（一）量化的定义

所谓量化就是将从模拟信号中获取的采样信号的幅度离散化的过程。

（二）信号量化的必要性

信号在传输之前，必须将信号转换成适合传输线路传输的信息格式，即对信号进行调制。现在常用的最典型的相位调制方法就是脉冲编码调制（Pulse Code Modulation，PCM）。

脉冲编码调制以模拟语音信号为主，也可对图像和视频等信号进行数字化处理后，再进行传输，即为数字通信。脉冲编码调制的过程一般应经过采样、量化和编码等主要步骤。以下的举例中主要以频率范围最小的语音信号说明其脉冲编码调制原理。

采样过程是指连续的模拟信号遵照采样定律，也称为奈奎斯特采样定理，只有采样频率高于模拟信号最高频率的 2 倍时，才能把数字信号表示的模拟信号还原成原来的模拟信号。因为在脉冲幅度调制（Pulse Amplitude Modulation，PAM）信号中含有模拟信号的频谱成分，所以采样定理确定了信号最高的频率上限。按时间抽取其中一部分能够代表原信号的 PAM，只要模拟信号在设置的最高频率范围内，则在接收端解调时即可还原原来的模拟信号。

归一量化是因为模拟信号的连续性，即有无穷个量值，需要无穷种二进制码位进行编码才可能无误差地完成，而这显然是不可能的。所以，只能对采样的 PAM 信号采取"四舍五入"的方法，将非整值信号舍入为整值信号，以便能用有限的码位将 PAM 数字化。量化因改变了原采样信号的数值，故会产生量化误差。加上外界干扰引起的误码，也会产生干扰噪声。对于频率较低的语音信号，只要控制编码的极差，加上之后将介绍的"量化的压缩－扩展特性"的应用，合理选择同步方式，便可以将语音的失真度控制在标准和设计允许范围内的。

其编码过程即为模数转换，如图 4-1 所示，将脉幅为"2"的 PAM 信号转换为二进制码"010"，将脉幅为"3"的 PAM 信号转换为二进制码"011"，将脉幅为"4"的 PAM 信号转换为二进制码"100"……如此类推。

（三）PCM 的步骤

模拟信号的 PCM 就是将模拟信号的采样信号 PAM 量化为二进制数字信号的过程。其调制过程的关键点简述如下：

确定传输系统的频率范围，对于一般的语音传输系统规定频率上限为

$$f_{max} = 3400\text{Hz}（取值 4\text{kHz}）$$

从而采用低通滤波器滤去高于上限频率（4kHz）的频谱，如图 4-1a 所示。

在多路传输系统中，系统的时钟频率由系统传输的信号通道数、编码码位数及同步码的方式共同决定。

假设系统传输信号路数为 N，信号编码的位数为 D，每帧信号中同步码的码数为 B。

$$T（时钟码数）= N \times D + B$$

$$f（时钟频率）\geq T（每帧时钟码数）\times 2f_{max}（2 倍最高频率）$$

$$= [N \times D + B] \times 2f_{max}$$

$$（对语音信号而言一般取值为 2f_{max} = 8000\text{Hz}）$$

如图 4-1 所示，在多路信号传输中，由时钟的路数脉冲控制各路模拟信号的采样，得到散离的采样信号——脉幅调制信号（PAM 信号，如图 4-1b 所示；再按照归一化每段量值进行归一量化处理，如图 4-1c 所示；然后进行脉冲编码调制，即模数转换，如图 4-1d 所示，得到调制为 PCM 信号。

在脉冲编码调制中还可分为不归零码调制（见图 4-1e）和归零码调制（见图 4-1f），即在每个位时钟时隙内，每个码位的占空比为 100% 时为不归零码调制。而每个码位的占空比小于 100% 时为归零码调制，归零码调制一般情况下取占空比为 50%。

（四）均匀量化与非均匀量化

1. 信号的采样

对正弦信号进行 PCM 时，用正弦信号对时钟信号进行调制，而产生多电平数字信号，即 PAM 信号 $m-q(t)$，如图 4-2 所示的幅度按正弦变化的脉幅信号。此过程称作离散信号的量化，即幅度离散化，也就是模拟采样信号转换成离散采样信号的过程，可见其时间和幅度均离散。多电平离散值不是任意的，而最终要用有限的二进制来表示 PAM 的幅值。

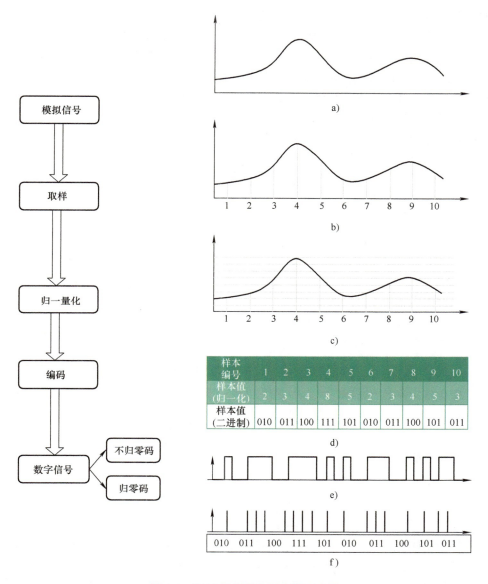

129

图4-1　PCM调制的主要步骤示意图

2. 量化误差

在采样量化过程中信号的实际值与信号的量化值之间存在误差，该误差值应限制在信噪比允许的一定范围内，限制值即为限制失真的条件。为了使量化获得最佳的量化性能，必须控制量化产生的误差，即量化误差。

因为模拟信号是无限的，而量化的编码位数是有限的，所以在量化过程中，

PAM 信号必须在有限的等级中选取数值相近的级别，一般对 PAM 信号采用四舍五入的办法。归一化 PAM 信号有可能使 PAM 信号比原信号有所增加，也可能使 PAM 信号比原信号有所减小，所以 PAM 信号量化的过程是有信息损失的过程，即信息产生失真的过程。对于语音、图像或视频等随机信号，量化误差也是随机的，像噪声一样会影响通信质量，此量化失真产生的噪声称为量化噪声。量化级数目（M）增加，并且量化间隔选择适当时，可以使得 $M_q(t)$ 与 $m(t)$ 的近似程度提高，即量化误差在标准允许的范围内。

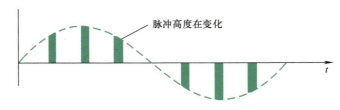

脉冲高度在变化

图 4-2　脉冲幅度调制变化——抽样示意图

假设输入信号 $m_s(t)$ 的函数式为 $f(x)$，因为是量化噪声，所以采用量化信噪比衡量量化性能。

量化器输入信号功率为

$$S = E[x^2] = \int_a^b x^2 f(x)\,\mathrm{d}x$$

量化噪声平均功率为

$$N_q = \sum_{i=1}^M \int_{m_{i-1}}^m (x - q_i)^2 f(x)\,\mathrm{d}x$$

量化信噪比为

$$\frac{S}{N_q} = \frac{\displaystyle\int_a^b x^2 f(x)\,\mathrm{d}x}{\displaystyle\sum_{i=1}^M \int_{m_{i-1}}^m (x - q_i)^2 f(x)\,\mathrm{d}x}$$

量化信噪比与间隔有关，量化信噪比越大，量化性能越好。量化设计的目标要求是在复杂度一定的情况下，使量化信噪比最大化。

根据量化过程中量化器输入信号与输出信号的关系，可分为均匀量化和非均匀量化两种方式。

在均匀量化时，对编码范围内的小信号和大信号均采用相等的量化级进行量化编码。其主要弊端是大信号的信噪比高，小信号的信噪比低，而在实际语音通信中却存在大量的小信号，所以会造成小信号的噪声失真严重。且量化噪声是数字通信系统中的主要噪声来源，而不同的量化方法所产生的量化噪声和对系统信噪比的影响是不同的。

为了提高小信号的信噪比，减小小信号的量化失真，可以将量化级再分细一些，这样不仅可以提高小信号的信噪比，大信号的信噪比也同样得到提高。但是其结果会使得编码使用的编码位数随之大幅度增加，将要求传输频带有更宽的信道进行信息传输。特别是在多路通信中，在一定的频带范围内限制了通信路数的增加。

为了在一定的频带范围内传输一定路数的信息，而且要保证小信号的信噪比满足实际通信的要求，相关标准规定采用压缩扩展的方法，即非均匀量化。其基本思路是在均匀量化前对信号进行一次处理，就是对大信号进行压缩，对小信号进行扩展，从而在量化过程中使小信号的信噪比大为改善，这一处理过程通常简称为压缩量化，在通信系统中通过压缩器完成。压缩量化的实质是压大扩小，使小信号和大信号在设计的整个动态范围内的信噪比基本一致。在系统中与压缩器对应的有扩张器，二者的特性正好相反，以便在接收端还原原信号幅度的大小。

3. 均匀量化

量化信噪比随着量化电平数 M 的增加而提高，使信号的逼真度更好。在计算机的 ADC 中常用的有 8 位、12 位、16 位等不同精度。在遥测遥控系统、仪表、图像信号的数字化接口中，也都使用均匀量化器。

而语音信号 90% 都集中在小信号区（非均匀分布，统计数据列见图 4-3），所以均匀量化不是最优的。最优的量化器是在复杂度一定的情况下，使量化信噪比最大的量化方法。所以在信号幅度分布分散，而且如语音信号等小信号区域信号比较集中的情况下，应采用非均匀量化的量化技术，使大幅度信号的信噪比比起均匀量化的信噪比适当降低，而使小幅度信号的信噪比比起均匀量化的信噪比有较大的提高。

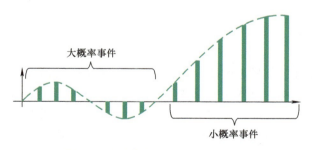

图 4-3　语音信号电平的分布示意图

4. 非均匀量化

在量化电平数一定的情况下，寻求最优策略，这就是采用非均匀量化的原因所在。根据输入信号的函数来分布量化电平，$f(x)$ 大，量化间隔小；$f(x)$ 小，量化间隔大。量化级间隔随着函数最大值的变化而变化。

但是，硬件设计有难度，不可能针对不同输入信号采用不同的量化技术，因此提出了在对输入信号归一化处理后再进行信号的压缩/扩大处理。目前，常用

131

的压扩方法是对数型的 A 律 13 折线压缩律和 μ 律 15 折线压缩律，其计算公式如下。A 律 13 折线压缩律折线图如图 4-4 所示。

A 压缩律：当 $0 \leqslant x \leqslant \dfrac{1}{A}$ 时，$f(x) = \dfrac{(Ax)}{(1 + \ln A)}$

当 $\dfrac{1}{A} \leqslant x \leqslant 1$ 时，$f(x) = \dfrac{(1 + \ln Ax)}{(1 + \ln A)}$

μ 压缩律：$y = \dfrac{\ln(1 + \mu x)}{\ln(1 + \mu)}$

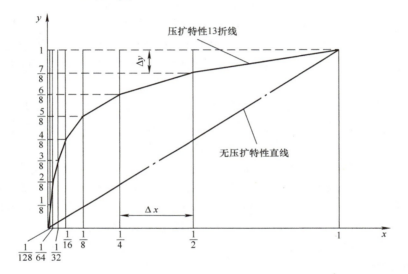

图 4-4　PAM 信号压扩 A 律 13 折线原理图

二、压缩扩展特性

压缩扩展特性是信号处理技术中为改善动态范围和信噪比的一种方法，简称为压扩特性。在调相的 PCM 中，典型应用于 A 律 13 折线和 μ 律 15 折线编码的压缩扩展器中，其压扩前后大信号和小信号的波形变化如图 4-5 所示。

A 律 13 折线和 μ 律 15 折线编码的压缩扩展器中，其压扩前后大信号和小信号的波形变化如图 4-5 所示。

1972 年国际电联电信标准化部门（ITU－T）建议，在标准 G.711 中最早公布了语音编码方案，它规定了 A 律 13 折线和 μ 律 15 折线 PCM 编码的两种方案，以 A 律 13 折线为主。现在中国、欧洲的语音传输中一般采用 A 律 13 折线编码方案；而北美、日本一般采用 μ 律 15 折线编码方案。A 律 13 折线与 μ 律 15 折线两种 PCM 编码方案在原理上大同小异，以下对 A 律 13 折线编码方案和 μ 律 15 折线编码方案分别别予以说明。

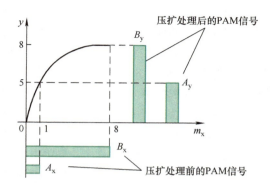

图 4-5　PAM 信号压扩前后脉幅示意图

（一）A 律 13 折线的压扩特性

在语音接收信号中，在规定的频率范围内信号电平有高有低，如果对信号不做压缩扩展，那么在归一化量化过程中，因为量化的极差相同，会使高电平信号的量化噪声很低，得到的信噪比很高；而低电平信号的量化噪声会很高，得到的信噪比很低，而在语音信号中绝大多数信号为低电平信号，导致了整体语音通信的信噪比大幅度下降，如图 4-6 所示。所以在进行量化的同时对原始信号要进行压缩扩展处理，使经量化后的高电平和低电平的量化信噪比基本上在同一级别水平。由此，经计算和实验证明了 A 律与 μ 律两种编码压缩扩展方案都能达到预设的平衡信噪比的效果。

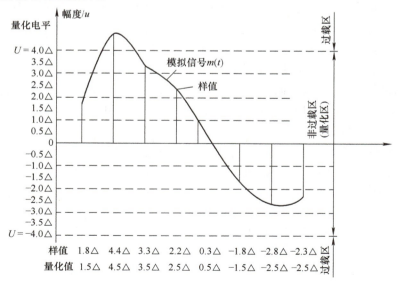

图 4-6　均匀量化的误差示意图

因为 A 律与 μ 律两种编码压缩扩展方案均采用对数曲线进行描述压缩特性规律，但对数曲线为连续变化的函数曲线，难以实现脉冲编码，故采用近似于曲线的多段折线来代替曲线，折线的段数即为模数转换的编码位数。A 律与 μ 律两种分段数相同，均为 y 轴正负方向各 8 段折线，正负方向共 16 段折线。其区别在于：13 折线的第一、二段斜率相同，所以 y 轴正负方向共有 4 段折线斜率相同，即不同斜率的折线共有 13 段；而 15 折线的第一、二段斜率不同，所以 y 轴正负方向共有 2 段折线斜率相同，即不同斜率的折线共有 15 段，以此形成了 A 律 13 折线与 μ 律 15 折线两种特性曲线。

13 折线从不均匀量化的基点出发，设法用 13 条折线来逼近 A 律对数的压扩特性。

设在直角坐标系中，x 轴表示输入信号，y 轴表示输出信号，并且假定输入信号和输出信号的最大取值范围都是 [−1，+L]，即都是归一化的。现在将 y 轴的区间 (0，1) 不均匀地分成 8 段，分段的规律是每次取段均按后段的二分之一取值。

首先以 1/2 ~ 1 为第 8 段；再将余下的 0 ~ 1/2 平分，取 1/4 ~ 1/2 为第 7 段；将余下的 0 ~ 1/4 平分，取 1/8 ~ 1/4 为第 6 段；取 1/16 ~ 1/8 为第 5 段；取 1/32 ~ 1/16 为第 4 段；取 1/32 ~ 1/64 为第 3 段；取 1/128 ~ 1/64 为第 2 段；取 1 ~ 1/128 为第 1 段。

如图 4-4 所示，x 轴方向这 8 段的长度由小到大依次为：1/128、1/128、1/64、1/32、1/16、1/8、1/4 和 1/2。其中第 1 段和第 2 段长度相等，都是 1/128。上述 8 段之中，每一段都要再均匀地分成 16 等份。每一等份就是一个量化级。应该注意的是，在每段之内，这些等份之间的长度是相等的，即量化级的长度是相等的。但是，在不同的段内，这些等份（即量化级）是不同的。

因此，输入信号的取值范围 0 ~ 1 之间总共被划分为 16 × 8 = 128 个不均匀的量化级。可见，用这种分段方法就对输入信号形成了一种不均匀量化分级。它对小信号的量化分级分得较细，最小量化分级，即第 1 和第 2 两段的量化分级为 $N_1(N_2) = (1/16) \times (1/128) = 1/2048$；而对大信号的量化分级分得较粗，最大量化分级为 $N_8 = (1/2) \times (1/16) = 1/32$。

将 x 轴的 8 段和 y 轴的 8 段各相应段的交点连接起来，就得到由 8 段直线组成的折线，即 A 律 13 折线，如图 4-4 所示。因为将 y 轴均匀分为 8 段，每段长度为 1/8，而 x 轴是不均匀分为 8 段，各段长度不同，所以，可以分别求出 8 段直线的斜率，详见表 4-1。

将 y 轴分为均匀的 8 段，y 轴的每一段再均匀地分为 16 等份，每一等份对应 x 轴的一个量化级。这样，y 轴的取值区间 (0，1) 就被分为 128 个均匀量化级，每个量化级都是 1/128。

表 4-1 A 律 13 折线特性参数表

		13 折线段	1	2	3	4	5	6	7	8
A律13折线 A=87.6	坐标 x	段长	1/128	1/128	1/64	1/32	1/16	1/8	1/4	1/2
		份数	16	16	16	16	16	16	16	16
		份长	1/2048	1/2048	1/1024	1/512	1/256	1/128	1/64	1/32
	坐标 y	段长	1/8	1/8	1/8	1/8	1/8	1/8	1/8	1/8
		份数	16	16	16	16	16	16	16	16
		份长	1/128	1/128	1/128	1/128	1/128	1/128	1/128	1/128
	13 折线斜率		16	16	8	4	2	1	1/2	1/4
	最大量化误差		1/256	1/256	1/256	1/256	1/256	1/256	1/256	1/256
	最差信噪比		6.02	6.02	6.02	6.02	6.02	6.02	6.02	6.02

可见，第 1 段和第 2 两段直线的斜率相等，因此，可将这两段直线看成一条直线，实际上，在 x、y 坐标轴的第一象限得到了由 7 条不同斜率的直线组成的折线。以上所分析的是正方向的情况。由于输入信号通常有正负两种极性，因此，在负方向也应该有与正方向对称的一组折线段。因为正方向的第 1 段和第 2 两段与负方向的第 1 段和第 2 两段具有相同的斜率，于是就可以将这 4 段直线连成一条直线，故正、负方向总共得到 13 段直线，由这 13 段直线组成的折线称为 13 折线。如图 4-4 所示。可见第 1 段和第 2 两段斜率最大，越往后斜率越小，因此，13 折线是具有压扩作用、逼近对数曲线的折线。

由 A 特性的表示式可知，当 x 较大时，即当 $1/A \leqslant x \leqslant 1$ 时，y 与 x 是对数关系；而当 x 较小时，即当 $0 \leqslant x < 1/A$ 时，y 与 x 是线性关系，此时斜率即为 $A/(1+\ln A)$。

由于已知第 1 段和第 2 两段的斜率均为 16，于是由 $\tan\alpha_1 = \tan\alpha_2 = A/(1+\mathrm{LNA}) = 16$。

可以求得 $A = 87.6$。因此，这种特性也称为 $A = 87.6$ 的 13 折线压扩特性，简称为 A 律 13 折线压扩特性。

由图 4-4 还可以看出，压缩和量化是同时结合进行的，即用不均匀量化的方法实现了压缩的目的，在量化的同时进行对大信号的压缩。此外，经过 13 折线的变换关系之后，将输入信号量化为 $2 \times 128 = 256$，共 28 个离散状态（即量化级），因而在用二进制脉冲编码时可以用 8 位二进制码直接表示采样幅度。所以，从原理上讲，采用 13 折线压扩方法，在发送端可将输入信号直接转换为相应的编码信号，而在接收端也可以直接进行译码。

当对输入信号 x 进行均匀量化时，设将 x 的正区间（0，1）量化为 2048 个量化级，每个量化级差为 1/2048，此时小信号的量化级差与大信号一样，都是 1/2048。由 $n = \lg 2m$，可求得此时编码需要的位数 $n = \lg 2048 = 11$。也就是说，在无压缩的均匀分为 2048 个量化级时，需要用 11 位二进制码进行编码。

而在 13 折线中，由于采用不均匀量化，所以当保证小信号（即第 1 段和第 2 段）的量化误差为 1/2048 时，只需将 x 的区间（0，1）分为 128 个量化级。

由 $n = \lg 2m = \lg 218 = 7$，即此时只需编码为 7 位码即可。

由此可知，13 折线的非均匀量化的 7 位码相当于均匀量化的 11 位码，如图 4-7 所示，其中小信号的压扩特性折线部分如图 4-8 所示。

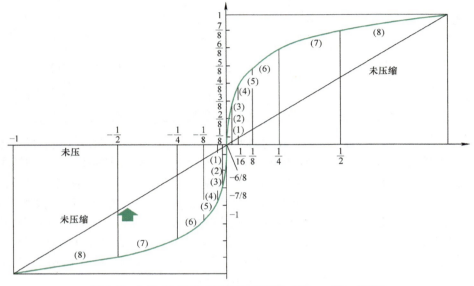

图 4-7　A 律 13 折线压扩特性曲线图（第一、第三象限）

通过下面的简单计算，可以求得与均匀量化相比 13 折线对于小信号的量化信噪比的改善程度。若按均匀量化方法将 x 轴的 $(0, 1)$ 区间分成 8 段 128 个均匀量化级，则量化误差 $\Delta_{QN} = 1/(8 \times 16) = 1/128$，各段量化级差一样，大信号和小信号一样对待，其最大量化误差都是 $\Delta_{QN(MAX)} = \Delta_{QN}/2 = 1/256$。

若按 13 折线压扩律对 x 轴的 $(0, 1)$ 区间进行不均匀量化，将其分为 8 段 128 个不均匀的量化级，则小信号（第 1 段和第 2 段）的量化级差为：$\Delta_{QC} = 1/2048$，其最大量化误差为 $\Delta_{QC(MAX)} = \Delta_{QC}/2 = 1/4096$。由此可以求得量化误差的改善程度的比值为

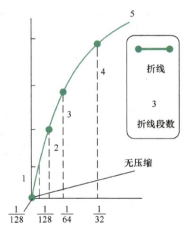

图 4-8　A 律 13 折线小信号部分放大压扩特性曲线图

$$R_L = \frac{\Delta_{ON(max)}}{\Delta_{QC(max)}} = \frac{\Delta_{QN}/2}{\Delta_{QC}/2} = \frac{\dfrac{1}{256}}{\dfrac{1}{4096}} = \frac{4096}{256} = 16 \;(\text{倍})$$

在现行的国际标准中 $A = 87.6$，此时信号很小（即小信号）时，从上式可以看到信号被放大了 $\frac{1}{16}$ 倍，这相当于与无压缩特性比较，对于小信号的情况，量化间隔比均匀量化时减小了 $\frac{1}{16}$ 倍，因此，量化误差大幅度降低；而对于大信号的情况，例如 $x = 1/A$，量化间隔比均匀量化时增大了 5.47 倍，量化误差增大了，这样实际上就实现了"压大补小"的效果。

上面只讨论了 $x > 0$ 的范围，实际上 x 和 y 均在 $[-1, 1]$ 之间变化，因此，x 和 y 的对应关系曲线是在第一象限与第三象限奇对称，如图4-7和图4-8所示。为了简便，$x < 0$ 的关系表达式未进行描述，但对上式进行简单的修改就能得到。

若 A 律中的常数 A 不同，则压缩曲线的形状不同，这将特别影响小电压时信号信噪比的大小。在实用中选择 $A = 87.6$，因为此时的 13 折线特性近似于 A 律的特性。由于 A 律是一条平滑的曲线，用电子电路很难准确地实现，所以一般是用 13 折线来逼近 A 律。在 13 折线中 A 并非必须取 87.6，其实 A 律的常数 A 是可以取很多值的，只是因为 A 律取 $A = 87.6$ 时，小信号的信噪比受到的影响的比较小而已，如图4-9所示。

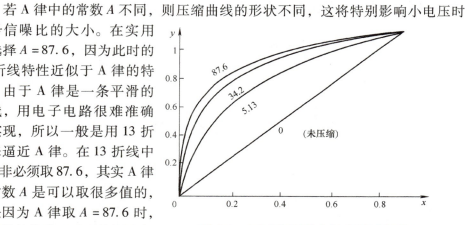

图 4-9　A 律压缩特性曲线（A 取不同值）

（二）μ 律 15 折线的压扩特性

μ 律 15 折线压扩特性的计算公式为 $y = \dfrac{\ln(1 + \mu x)}{\ln(1 + \mu)}$，其压扩特性曲线如图4-10所示。其中，$x$ 为归一化的量化输入值，y 为归一化的量化输出值，从曲线图可见，常数 μ 越大，小信号的压扩效益越高。目前多采用 $\mu = 255$。

μ 律压缩特性曲线是连续曲线，同 A 律压扩特性曲线一样，要设计电路来实现这样的函数相当复杂，而采用非线性量化方法

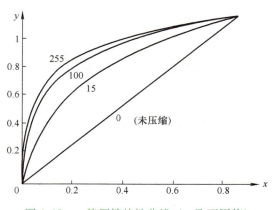

图 4-10　μ 律压缩特性曲线（μ 取不同值）

时，以确定信号直接做相应的编码也不容易。因此，为了使电路容易实现，可以采用 15 段折线组成非均匀量化压扩律。以前人们采用 μ 律第一、三象限共 16 折线压扩方式逼近 μ = 255 的 μ 律压扩曲线特性。因为过原点的两侧的第 1 条折线斜率相同且都过原点，所以可以合成一条折线，实际上共用 15 条折线。因此将这种折线压扩律称为 "μ255 的 15 折线压扩律"，如图 4-11 所示。

μ255/15 折线压扩律时的量化信噪比，按照非均匀量化噪声的基本公式为

$$\overline{N_q} = \frac{1}{3N^2} \int_{-1}^{2} \frac{P(x)}{[y'(x)]^2} dx$$

式中，x，y 分别为按照量化器归一化的输入、输出值；$y'(x) = \dfrac{dy}{dx}$ 为压扩特性的斜率；$P(x)$ 为归一化的模拟信号的概率密度分布。

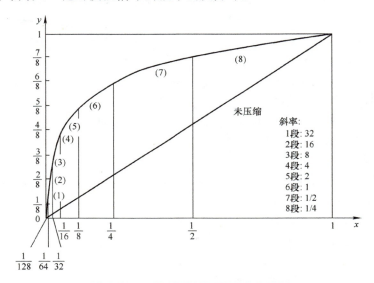

图 4-11　μ 律 15 折线压扩特性曲线图

因为采用 μ255/15 折线压扩律进行编码时，每一段都有不同的斜率，所以利用公式计算量化噪声时要分段进行积分计算。下面试着分别推导采用 μ255/15 折线压扩律进行编码时，正弦信号和语音信号的量化信噪比计算公式。

1. 信号为正弦时的量化信噪比

其使用价值在于测量编码系统的指标。正弦信号的幅度概率密度 $P(x)$ 为

$$P(x) = \frac{1}{\pi \sqrt{2} x_e} \frac{1}{\sqrt{1 - \dfrac{x^2}{2x_e^2}}}, \quad |x| \leqslant \sqrt{2} x_e, \ 0 \leqslant \sqrt{2} x_e \leqslant \frac{1}{255}$$

$P(x) = 0$，$x =$ 其他，x_e 为信号有效值

信号处于斜率为 32 的第一折线段时，可得到该段的噪声功率为

$$N_q = \frac{1}{3N^2} 2 \int_0^1 \frac{P(x)}{[y'(x)]^2} dx = \frac{1}{3N^2} \frac{1}{32^2} \int_0^{\sqrt{2}x_e} P(x) dx$$

$$= \frac{1}{3N^2} \frac{1}{32^2} \int_0^{\sqrt{2}x_e} \frac{1}{\sqrt{2}\pi x_e \sqrt{1 - \frac{x^2}{2x}}} dx$$

$$= \frac{1}{3N^2} \frac{1}{32^2} \left[\frac{2}{\pi} \arcsin \frac{x}{\sqrt{2}x_e} \Big|_0^{\sqrt{2}x_e} \right] = \frac{1}{3N^2} \frac{1}{32^2}$$

信噪比为

$$\left(\frac{S}{N_q}\right)_{dB} = 10\lg \frac{Lx^3}{8192\pi - 3\arcsin \frac{1}{255\sqrt{2}x_e} - 12\arcsin \frac{3}{255\sqrt{x}x_e} - 48\arcsin \frac{7}{255\sqrt{2}x_e}}$$

$$= \frac{1}{3N^2} \frac{2}{\pi} \frac{1}{32^2} \left(8192\pi - 3\arcsin \frac{1}{255\sqrt{2}x_e} - 12\arcsin \frac{3}{255\sqrt{2}x_e} - 48\arcsin \frac{7}{255\sqrt{2}x_e} - \right.$$

$$192\arcsin \frac{15}{255\sqrt{2}x_e} - 768\arcsin \frac{31}{255\sqrt{2}x_e} - 3072\arcsin \frac{63}{255\sqrt{2}x_e} -$$

$$\left. 12288\arcsin \frac{127}{255\sqrt{2}x_e} \right)$$

信号处于斜率为 4 的第 8 段折线时，$\frac{127}{255} \leq \sqrt{2}x_e \leq 1$。

设下式积分内的括号中（•）的值均为 $\dfrac{1}{\sqrt{2}\pi x_e \sqrt{1 - \frac{x^2}{2x}}} dx$

$$N_q = \frac{1}{3N^2} \left[\frac{1}{32^2} \int_0^{\frac{1}{255}} (\bullet) + \frac{1}{16^2} \int_{\frac{1}{255}}^{\frac{3}{255}} (\bullet) + \frac{1}{i^2} \int_{\frac{3}{255}}^{\frac{7}{255}} (\bullet) + \frac{1}{4^2} \int_{\frac{7}{255}}^{\frac{15}{255}} (\bullet) + \right.$$

$$\left. \frac{1}{2^2} \int_{\frac{15}{255}}^{\frac{31}{255}} (\bullet) + 1^2 \int_{\frac{31}{255}}^{\frac{63}{255}} (\bullet) + 2^2 \int_{\frac{63}{255}}^{\frac{127}{255}} (\bullet) + 4^2 \int_{\frac{127}{255}}^{\sqrt{2}x_e} (\bullet) \right]$$

可将上式改写为以下形式：

$$\left(\frac{S}{N_q}\right)_{dB} = 10\lg \frac{Lx_e^2}{\pi \times 2^{2n-3} - \sum_{k=-1}^{n-2} 3 \times 4^k \arcsin \frac{2^{k+1} - 1}{255\sqrt{2}x_e}}$$

$\dfrac{2^{n-1} - 1}{255} \leq \sqrt{2}x_e \leq \dfrac{2^n - 1}{255}$，当 $n = 8$ 时，上式则为

$$\frac{Lx_e^2}{192\arcsin \frac{15}{255\sqrt{2}x_e} - 768\arcsin \frac{31}{255\sqrt{2}x_e} - 3072\arcsin \frac{63}{255\sqrt{2}x_e} - 12288\arcsin \frac{127}{255\sqrt{2}x_e}}$$

从以上计算可以看出，事实上 n 代表了折线段的序号，无论信号处于哪一折线段，其信噪比都可用上式来表示，其中 $n = 1，2，3，4，5，6，7，8$ 而已。

2. 信号为语音时的量化信噪比

当 $x \geqslant \sqrt{2} x_{\mathrm{e}}$ 时，$P(x) = 0$，所以，只要在 $\sqrt{2} x_{\mathrm{e}}$ 以下各段求积分即可。

但是对于语音信号而言，不论信号电平为何值，其瞬时值可能连续分布在 0 与 ∞ 之间。所以，当计算其经过 μ 律 15 折线的压扩特性后所形成的信噪比时，必须在所有折线段中求积分之和。对于语音信号按指数分布而言，其标称化概率密度 $P(x)$ 为

$$\int \frac{\sqrt{2}}{x_{\mathrm{e}}} \mathrm{e}^{-\frac{\sqrt{2}x}{x_{\mathrm{e}}}} \mathrm{d}x = -\mathrm{e}^{-\frac{\sqrt{2}x}{x_{\mathrm{e}}}}，\text{故该式最终积分的结果为}$$

$$\overline{N_{\mathrm{q}}} = \frac{1}{N^2 32^2}\left[\frac{1}{3} + \mathrm{e}^{-\frac{\sqrt{2}}{255x_{\mathrm{e}}}} + 4\mathrm{e}^{-\frac{3\sqrt{2}}{255x_{\mathrm{e}}}} + 4^2\mathrm{e}^{-\frac{7\sqrt{2}}{255x_{\mathrm{e}}}} + \right.$$

$$\left. 4^3 \mathrm{e}^{-\frac{15\sqrt{2}}{255x_{\mathrm{e}}}} + 4^4 \mathrm{e}^{-\frac{31\sqrt{2}}{255x_{\mathrm{e}}}} + 4^5 \mathrm{e}^{-\frac{63\sqrt{2}}{255x_{\mathrm{e}}}} + 4^6 \mathrm{e}^{-\frac{63\sqrt{2}}{255x_{\mathrm{e}}}}\right]$$

若令 $a = \mathrm{e}^{-\frac{\sqrt{2}}{255x_{\mathrm{e}}}}$，则上式可写作以下通式：$\overline{N_{\mathrm{q}}} = \frac{1}{N^2 32^2}\left(\frac{1}{3} + \sum_{k=1}^{7} 4^{k-1} a^{2^k-1}\right)$

为所有折线段求积分之和。对于语音信号按指数分布，其标称化概率密度 $P(x)$ 为

$$P(x) = \frac{1}{x\sqrt{2}\mathrm{e}^{\frac{\sqrt{2}x}{x_{\mathrm{e}}}}}$$

求语音信号的噪声功率仍然按照上式分段积分的方法进行，则噪声平均功率为

$\frac{\sqrt{2}}{x_{\mathrm{e}}}\mathrm{e}^{-\frac{\sqrt{2}x}{x_{\mathrm{e}}}}$，因为 $\int \frac{\sqrt{2}}{x_{\mathrm{e}}}\mathrm{e}^{-\frac{\sqrt{2}x}{x_{\mathrm{e}}}}\mathrm{d}x = -\mathrm{e}^{-\frac{\sqrt{2}x}{x_{\mathrm{e}}}}$

故该式最终的积分结果为

$$\overline{N_{\mathrm{q}}} = \frac{1}{3N^2}\left[\frac{1}{32^2}\int_0^{\frac{1}{255}}(\bullet) + \frac{1}{16^2}\int_{\frac{1}{255}}^{\frac{3}{255}}(\bullet) + \frac{1}{8^2}\int_{\frac{3}{255}}^{\frac{7}{255}}(\bullet) + \frac{1}{4^2}\int_{\frac{7}{255}}^{\frac{15}{255}}(\bullet)\right] +$$

$$\left[\frac{1}{2^2}\int_{\frac{15}{255}}^{\frac{31}{255}}(\bullet) + \frac{1}{1^2}\int_{\frac{31}{255}}^{\frac{63}{255}}(\bullet) + 2^2\int_{\frac{63}{255}}^{\frac{127}{255}}(\bullet) + 4^2\int_{\frac{127}{255}}^{\infty}(\bullet)\right]$$

信噪比为 $\left[\left(\frac{S}{N_{\mathrm{q}}}\right)_{\mathrm{dB}}\right]_{\exp} = 10\lg \dfrac{N^2 32^2 x_{\mathrm{e}}^2}{\frac{1}{3} + \sum_{k=1}^{7} 4^{k-1} a^{2^k-1}}$

根据通式和信噪比的计算式可以描绘出信噪比曲线，如图 4-12 所示。从图中可见，指数非分布只画到 $x_{\mathrm{e}} = 1/8$ 处，x_{e} 再增大时，会因过载导致噪声增大，

已失去意义。

从图 4-12 中看出，正弦信号的信噪比曲线出现有规律的波动，而语音信号的信噪比则为平滑曲线。对此可分析如下：

对于正弦信号，在每一段中，如（x_k，x_{k+1}）段，图 4-13 所示的折线的斜率 y_k 为常数，而 μ 律曲线的斜率 y（不是 15 折线近似以后的斜率）是随 x 的增加而下降的，即由起始的 $y>y_k$，逐渐减小到 $y<y_k$。如图 4-13 所示，在折线谱况下，当信号峰值 $2^{0.5}x_e$ 达到段落端点 x_k 的左侧时，在 $2^{0.5}x_e$ 以下的范围内，折线的斜率 y_{k-1} 都超过 μ 律的斜率 y_k。因此，折线的信噪比将在此点达到最大值。

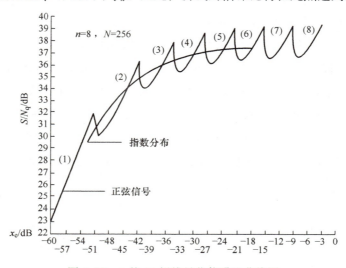

图 4-12 μ 律 15 折线量化信噪比曲线图

但是，当 x_e 增加，使 $2^{0.5}x_e$ 超过 x_k 时，由于折线的斜率突变，则 $2^{0.5}x_e$ 在此折线的下部分范围内，有 $y'_k<y'$，这又使折线律的信噪比迅速下降，经过极小值后，由于又出现了 $y'_k>y'$ 的情况，而使得信噪比值再次上升，从而会出现周期性波动的现象。

由以上分析可知，出现信噪比最大值的坐标点为 x_k，即为划分大段的判定值。各段极大值及对应的 x_e（dB）见表 4-2。

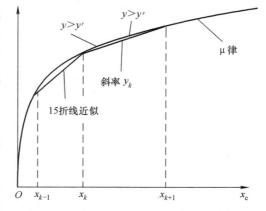

图 4-13 μ 律 15 折线信噪比最大值的坐标点示意图

表 4-2　μ 律 15 折线正弦信号各段信噪比极大值与信号有效值对应表（单位：dB）

x_e	−3	−9	−15	−21	−27	−34	−42	−51
S/N_q	39.3	39.2	39.1	39.0	38.6	37.8	36.1	31.8

对语音信号而言，其瞬时值可能连续分布在 $0 \sim \infty$ 之间，所以在计算它经过 15 折线压扩特性后所形成的信噪比时，必须在所有折线段中求积分和，只有这样，信号电平 X_E 连续变化时才不会出现信噪比的波动现象。

（三）μ 律 15 折线与 A 律 13 折线压扩特性的比较

同 A 律 13 折线相似，从图 4-10 所示的曲线规律可知，在 μ 律压缩曲线中，μ 的取值不同，所得到的对数曲线也不相同，当 μ 的取值为零时，无压缩，对数曲线变成一条直线。同理，在 A 律曲线中，A 的取值不同所得到的对数曲线也不相同，当 A 的取值为零时，无压缩，对数曲线同样变成一条直线。

从图 4-14 可看出，μ 律 15 折线与 A 律 13 折线的压扩特性的对数曲线基本重合。只是在采用折线近似时，μ 律 15 折线的第 1 段与第 2 段的斜率分别为 32 和 16（见图 4-12），A 律 13 折线的第 1 段与第 2 段的斜率均为 16（见图 4-6、图 4-7 和图 4-8）。

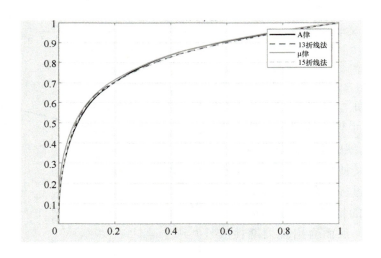

图 4-14　A 律 13 折线和 μ 律 15 折线压扩特性曲线对比图

所以在极小信号时，采用 μ 律 15 折线会有更小的量化失真和更高的信噪比。其 μ 律 15 折线与 A 律 13 折线的各段特性对照见表 4-3。

表 4-3   μ 律 15 折线与 A 律 13 折线各段特性对照表

	15 折线段	1	2	3	4	5	6	7	8
μ 律 15 折线 μ = 255	坐标 x	1/255	3/255	7/255	15/255	31/255	63/255	127/255	1
	坐标 y	1/8	2/8	3/8	4/8	5/8	6/8	7/8	1
	信号有效值 (x_e)	-51	-42	-34	-27	-21	-15	-9	-3
	信噪比极大值 (S/N_q)	31.8	36.1	37.8	38.6	39.0	39.1	39.2	39.3
	15 折线斜率	32	16	8	4	2	1	1/2	1/4
A 律 13 折线 A = 87.6	13 折线段	1	2	3	4	5	6	7	8
	坐标 x	1/128	1/128	1/64	1/32	1/16	1/8	1/4	1/2
	坐标 y	1/8	2/8	3/8	4/8	5/8	6/8	7/8	1
	13 折线斜率	16	16	8	4	2	1	1/2	1/4

143

如图 4-15 所示，从信噪比对比曲线可以看出，小信号时（x_e 小于 -40dB）μ 律信噪比高于 A 律信噪比，而当大信号时（x_e 大于 -40dB）A 律信噪比高于或等于 μ 律信噪比。

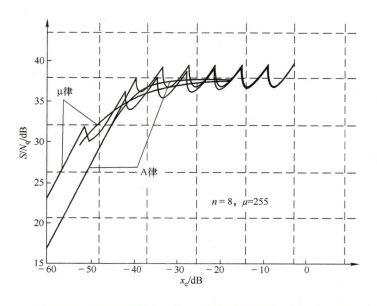

图 4-15   μ 律 15 折线和 A 律 13 折线量化信噪比比较曲线图

第二节　脉冲编码调制概述

一、脉冲编码调制的发展概况

脉冲编码调制（Pulse Code Modulation，PCM），简称脉码调制，是由 A. 里弗斯于 1937 年提出的一种调制方式。20 世纪 60 年代，它开始应用于市内电话网以扩充容量，使已有音频电缆的大部分芯线的传输容量扩大 24 ~ 48 倍。到 20 世纪 70 年代中、末期，各国相继将 PCM 成功地应用于同轴电缆通信、微波接力通信、卫星通信和光纤通信等中、大容量传输系统中。20 世纪 80 年代初，PCM 已用于市话中继传输和大容量干线传输以及数字程控交换机，并在用户电话机中采用。

在光纤通信系统应用中，光纤中传输的是二进制光脉冲"0"码和"1"码，它由二进制数字信号对光源进行通断调制而产生。而数字信号是对连续变化的模拟信号进行采样、量化和编码。这种电的数字信号称为数字基带信号，可以由 PCM 产生。现在的数字传输系统均采用 PCM 系统。PCM 最初并非用于传输计算机数据，而是用于电话交换机之间作为一条中继线，从而使电话线不仅仅只是传送一个通道的电话信号。

PCM 有两个标准（表现形式），即 E1 和 T1，中国采用的是欧洲的 E1 标准。其基群 T1 的速率是 1.544Mbit/s，E1 的速率是 2.048Mbit/s。

PCM 发展至今，已可以用于多种业务，既可以提供 2 ~ 155Mbit/s 的数字数据专线业务，也可以提供语音、图像传送、远程教学等其他业务。特别适用于对数据传输速率要求较高，以及需要更高带宽的用户使用。

PCM 的商业应用发展于 20 世纪 70 年代末，应用于记录媒体信息之一的 CD，20 世纪 80 年代初由飞利浦和索尼公司共同推出。脉码调制的音频格式也被 DVD – A 所采用，它支持立体声和 5.1 环绕声，1999 年由 DVD 讨论会发布和推出。

二、脉冲编码调制的基本原理

PCM 就是把一个时间连续、取值连续的模拟信号变换成时间离散，取值离散的数字信号后在信道中传输，即模拟 – 数字转换后进行数字信号传输的调制方法。其调制过程就是对模拟信号先按时隙采样，再对样值幅度进行量化，然后进行模拟 – 数字转换，即调制编码的过程。

（一）采样

所谓采样就是对模拟信号进行周期性扫描，把时间上连续的信号变成时间上离散的信号，即脉幅调制（PAM）信号，调幅脉冲信号采样必须遵循奈奎斯特采样定理。该模拟信号经过采样后还应当包含原信号中的所有信息，也就是说通过接收端的解调，能无失真地恢复原模拟信号。它的采样速率的下限是由采样定理确定的，即采样速率必须采用不小于模拟信号 2 倍的频率。

（二）量化

因为模拟信号的幅度值是连续的、量值是无穷的，而量化值是有限级别的，这就需要把经过采样得到的瞬时值 PAM 信号进行幅度离散，即用一组规定的电平，把瞬时采样值用最接近的电平值表示出来，现在大多采用 1024 等级规定的电平值量化原信息的采样值。

（三）量化误差

量化后的信号和采样信号的差值即为量化误差。量化误差在接收端表现为噪声，称为量化噪声（声音噪声、图像噪声和色彩噪声）。可见量化级数越多，误差越小，即噪声越小；但所需要相应的二进制码位数就越多，要求传输速率也就越高，频带就越宽。

为使量化噪声尽可能小，而所需码位数又不太多，通常可以采用非线性量化，也称为非均匀量化的方法进行量化。所谓非均匀量化是根据采样调幅脉冲的幅度不同区间来确定量化间隔，幅度小（即小信号）的区间量化间隔取得小，幅度大（即大信号）的区间量化间隔取得大，这样使大信号和小信号的量化噪声均可达到规定的信噪比的要求。

在实际使用中有两种对数形式的压缩特性，其压缩特性可采用 A 律和 μ 律进行编码调制。我国采用的是 A 率 13 折线编码。A 律编码主要用于 E1 标准的一次群系统；μ 律编码主要用于 T1 标准的一次群系统。A 律 PCM 用于欧洲和中国，μ 律 PCM 用于北美和日本。A 率编码的压扩 13 折线如图 4-16 所示。

（四）编码

所谓编码就是用一组二进制码组来表示每一个有固定电平的量化值。然而，实际上量化是在编码过程中同时完成的，故编码过程也称为模 - 数变换调制，可记作 A - D。

PCM 的过程，即将需要传输的信号先经防混叠低通滤波器对模拟信号进行滤波，滤除规定的最高频率，再进行脉冲采样，变成一定重复频率的采样信号，即离散的 PAM 信号，然后将幅度连续的 PAM 信号用四舍五入方法量化为有限个幅度取值的信号，再经编码调制后转换成二进制码的脉冲信号进行传输的过程。

三、脉冲编码调制系统的特点

1）脉码调制系统采用数字脉冲来传输信息，传送的只是"1"或"0"，即脉冲的"有"或"无"，只要识别这两种状态即可，所以对传输线路中的串话、

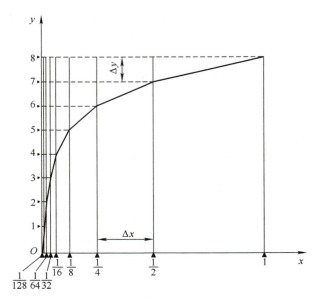

图4-16　A律13折线PAM信号压扩原理图

噪声等抗干扰性强。

2）使用脉码调制系统进行远距离传输时，可采用信号再生中继方式，每隔一定距离就再生出"干净"的脉冲向下一站继续传送，因而其信号的失真不积累，便于室内非可见距离的可见光通信传输与接收，如整栋大楼或小区楼群之间的可见光局域网通信系统的建立。

3）脉码设备在制式确定后，便可采用定型的集成电路进行信号模数转换处理，设备的体积小而简单，且重量轻、功耗小。

4）脉码调制设备传送的是数字信号，便于信号的加密处理。

5）脉码调制的主要缺点是占用频带较宽。

第三节　脉冲编码调制系统功能

一、设计方案原理图

1）RPCM – VLC/4FCH可见光通信系统方案框图，即反向脉冲编码调制的4通道可见光通信系统框图如图4-17所示。

2）RPCM – VLC/4FCH可见光通信系统方案详细框图，即反向脉冲编码调制的4通道可见光通信系统详细框图如图4-18所示。

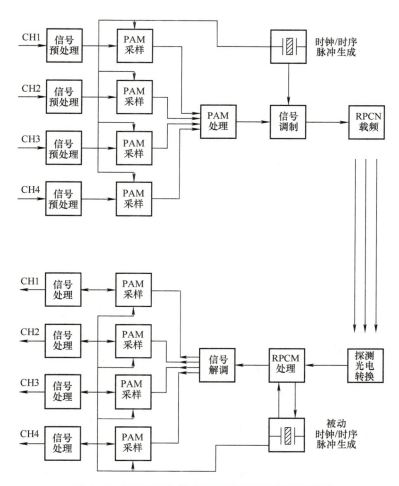

图 4-17 反向 PCM 的 4 通道可见光通信系统框图

二、方案功能描述

1）系统命名：反向脉冲编码调制的 4 通道可见光通信系统；

2）系统型号：RPCM – VLC/4FCH；

3）通信通道：4 通道，双向通信；

4）复用编码方式：时间分割，多路复用；

5）压扩方式：采用数字压扩，压扩律为 13 折线近似，压扩率 $A = 87.6$；

6）每通道代码组成：8bit/CH，其中，D1 为通/断信号码，D2 为信息极性码，D3 ~ D8 为信息幅度码；

7）信息帧同步方式：每 4 通道结束（1 帧）后增加 1 位 D9 作为同步码，同步码以规律为每帧"1 – 0 – 1 – 0…"方式传输，连续检出，1bit 移位，具有前、

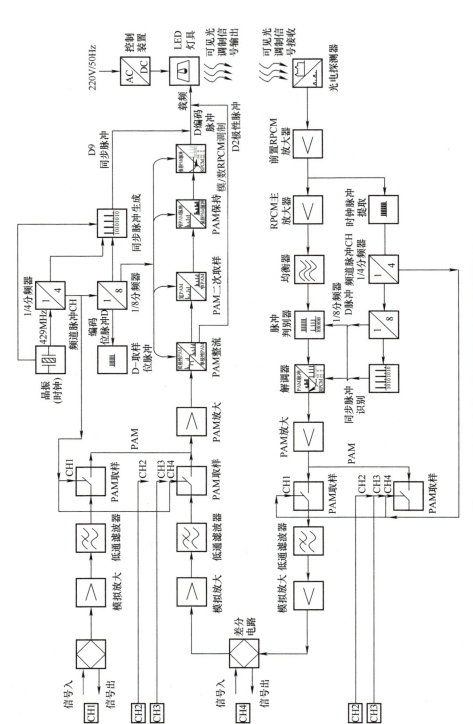

图 4-18 反向 PCM 的 4 通道可见光通信系统详细框图

后方保护时间；

8）信道码：四通道信道码分别用 CH1、CH2、CH3、CH4 表示；

9）信道终端形式：二线制信道接口或四线制信道接口；

10）输出码型：正向二进制码，与采样 PAM 脉幅反向编码（即大信号为"0"码，小信号为"1"码）；

11）输出信息编码脉冲码型占空比：50% 的归零码；

12）输出脉冲幅度：不超过 LED 灯具所需幅度（V_{0-P} 或 I_{0-P}）的 5%，一般采用 3～5V。

三、技术指标拟定

1）每通道可传输信息带宽：$B \geqslant 6.5\text{MHz}$（现在电视的带宽），故信息通道可传输语音、图片及视频信号；

2）每通道采样频率：13MHz；

3）时钟频率：429Mbit/s $[(4 \times 8 + 1) \times 13\text{bit/s} = 429\text{Mbit/s}]$；

4）频率响应：0dB 输入电平，增益侧在 1/10 以内，衰减侧在 2/5 以内；

5）输入/输出阻抗：二线制 600Ω，平衡反射系数 $\leqslant \pm 10\%$；

6）转接点电平：输入标准电平：$A_{is} = 0\text{dB}$，输入最高电平：$A_{imax} = +3\text{dB}$；

输出标准电平：$A_{os} = -4\text{dB}$，输出最高电平：$A_{omax} = 0\text{dB}$；

7）净衰耗：4dB；

8）净衰耗电平特性：净衰耗波动值：$A_{bd} \leqslant \pm 1\text{dB}$（条件：以 0dB 为参数，在输入 -37～$+3\text{dB}$ 范围内）；

9）传输距离：有线部分传输距离：D_w 不小于 500m，

无线部分传输距离：D_{air} 不小于 2.0m；

10）信噪比：$R_{SN} \geqslant 23\text{dB}$（条件：在输入 -37～$+3\text{dB}$ 范围内）；

11）背景噪声：信道无信号时，传输的信道噪声 $Ni \leqslant -60\text{dB}$（衡重）；

12）发信端/收信端信息防卫度：$D_{sc} \geqslant 57\text{dB}$；

13）时钟脉冲泄露最大值：$R_{cp} \leqslant -50\text{dB}$（不衡重）；

14）非线性失真：2 次、3 次谐波衰耗：$A_h \geqslant 34\text{dB}$；

15）使用工作环境：电源：AC 50Hz，220V $\pm 10\%$，DC V_o（I_o）$\pm 2\%$；

环境温度：-10～$+50℃$；

环境相对湿度：$H_r \leqslant 90\%$；

四、系统工作原理

（一）定时部分

4 通道反向 PCM 可见光通信系统的定时部分由发送端定时部分和接收端定

时部分组成。发送端定时部分为主动式时钟系统，而为了与发送端同步，接收端定时部分为被动式时钟系统，即从接收的脉冲信息中提取时钟。

发送端主动式时钟和接收端被动式时钟均按照一周期内的传输通道数、调制编码位数、帧同步脉冲数及最高调制频率等决定时钟频率，而且接收端被动式时钟必须与发送端主动式时钟同频、同相位和同步。

发送端主动式时钟和接收端被动式时钟提取后，均需从中分离出帧同步脉冲 D9，然后进行 1/4 分频，得到通道脉冲 CH，再由通道脉冲 CH 进行 1/8 分频得到调制编码用位脉冲 D；并且在每一通道中指定 D1 表示有信号通知的振铃脉冲，D2 表示信息正负极性的极性脉冲，D3～D8 表示信息幅度大小的调制脉冲。所以在经过调制后，均为等幅、等宽、等占空比的脉冲群，但由于帧脉冲"1"/"0"的特殊规律和其他脉冲的按序排列，使信息得以"保真"地传输。

1. 发送端定时部分

发送端定时部分原理框图如图 4-19 所示。

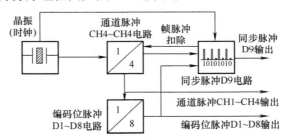

图 4-19　发送端定时部分原理框图

（1）时钟频率的计算

$$f_{cp} = \left[(4 \times 8) + 1 \right] \times 13\,\text{Mbit/s} = 429\,\text{Mbit/s}$$

（2）位脉冲的分配　每位 PAM 由 8 位（D1～D8）比特组成。其中，D1 为通/断信号码脉冲，信息通时为"0"，信息断时为"1"；D2 为极性码脉冲，当 PAM 信息为正向时，输出"0"码，当 PAM 信息为负向时，输出"1"码；D3～D8 为信息采样 PAM 的幅度反向编码；D9 为同步码脉冲，每帧后插入 1 位同步码，奇数帧同步码为"1"，偶数帧同步码为"0"，即同步码由"0""1""0""1"……形式组成。

（3）PAM 信号编码脉冲　D3～D8 位时隙脉冲为 PAM 信号幅度的编码脉冲，且编码形式为反向编码脉冲，即当小信号，或无信号时，编码为全"1"脉冲；当电路允许的最大信号时，编码为全"0"脉冲。

（4）PAM 信号极性脉冲　D2 时隙编码脉冲为极性码脉冲，表示编码时隙的 PAM 采样信号的极性，即在坐标轴上的正/负值。当 PAM 信息为正值时，输出"0"码，当 PAM 信息为负值时，输出"1"码，以便解调时识别。

（5）通/断信号码脉冲　D1 为信息通/断信号码脉冲，相当于电话通话时的振铃信号脉冲，以便通知接收方是否有信息传送。有信息传送时为"0"脉冲，当接收者已开始接收信息时，封闭"0"信号脉冲，使"振铃"中断；无信息传送时为"1"脉冲。

（6）同步及同步脉冲　D9 时隙脉冲为同步码脉冲，每帧由一位脉冲组成，由"1""0""1""0"……形式组成。在 4 通道信息传输中，表示从同步脉冲的下一脉冲开始，以下每 8 个脉冲为一组分别为 CH1、CH2、CH3、CH4 的 PAM 信息的编码脉冲，CH4 的 D8 脉冲后即为本帧的同步脉冲。

2. 接收端定时部分

接收端为了与发送端保持同步，故不能设置另外的主振定时部分，只能从属于发送端的定时部分。因为在发送端发送的脉冲流中的主频脉冲即为发送端的时钟脉冲频率，所以从接收脉冲信息中可以比较方便的解析出与发送端同步的时钟脉冲。因此，称之为被动式时钟系统，即从接收的脉冲信息中提取时钟脉冲。接收端定时部分原理框图如图 4-20 所示。

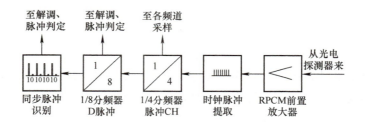

图 4-20　接收端定时部分原理框图

（1）接收端时钟脉冲　从光电探测器接收到脉冲流信息后，经前置放大器进行脉冲放大至可识别的程度，就可以从脉冲流中解析到主频率的时钟脉冲，经整形和控制占空比后，即得到与发送端同步的接收端时钟脉冲。

（2）接收端同步脉冲的识别与提取　在接收到发送端的脉冲流后，通过每帧脉冲数中（$4 \times 8 + 1 = 33$ 位脉冲）识别"0""1"相隔的特征，经过连续检出，1bit 移位及前、后方保护时间的鉴别，即可识别同步脉冲。在多路传输、图像传输及视频传输中，一般均采用连续检出，1bit 移位及前、后方保护时间的鉴别方法进行同步脉冲的提取。

（3）接收端通道脉冲及编码位脉冲的提取　在接收到发送端的脉冲信息流后，通过以上方法识别出同步脉冲，机构同步脉冲扣除，经过 1/4 分频电路，并按序排列，就可以得到各个通道的通道脉冲（CH1、CH2、CH3、CH4 等）；再将通道脉冲经过 1/8 分频电路，即可得到 PAM 信号的编码位脉冲。

（二）信号预处理部分

信号预处理部分是相对模拟信号调制为数字信号的过程而言的。该部分的原理框图如图 4-21 所示。因为本系统为双向 4 通道通信系统，并且一般采用二线制传输，所以输入信号和输出信号通过差分电路进行发送信号与接收信号隔离；将输入的微弱模拟信号进行放大；为了尽量减小调制噪声，提高信噪比，必须按照设计的系统最高频率进行低通滤波处理，即只允许系统设计的最高频率以下的频率通过，过滤掉高于系统设计的最高调制频率；然后按照四个通道各自进行采样（即从连续的模拟信号中按时序取出若干个点的脉幅调制脉冲），以便模数调制时使用。

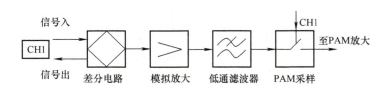

图 4-21　信号预处理部分原理框图

1. 差分电路

在通信通道传输中，一般分为二线制传输和四线制传输。在发送端信息与接收端信息要求绝对分开时，一般采用四线制传输；但其传输在设备上有所增加，特别是传输线路要求四线（发送/接收终端至以上电路部分），而在一般情况下采用二线制较多。

差分电路为一组 R/C 组成的桥电路，通过桥电路将发送信息主要向外传输，而相对本接收终端会产生很大的衰减，使发送信息不至于串入接收终端。对于接收端，将接收的信息主要传输至接收终端，而相对的发送端则会产生很大的衰减，不至于将接收的信息又串发出去。于是自然将信号的发送与接收分隔开来。这就是差分电路的作用。

2. 模拟信号放大器

由于从不同的信号源输入的信号的电平差别较大，而且有的电平太小以至于后级识别电路难以识别，而有的信号太大，远远超过了输入端的信号幅度限制。所以信号输入后均需经过限幅－预放大过程。模拟信号放大器就包含限幅－预放大两个部分，使输入到后级的模拟信号在要求输入电平的范围内。

3. 低通滤波器

因为后级设计的主放大器和调制电路均限制在最高频率以下，超过设计最高频率的信号在调制/解调时会成为噪声，所以在主放大器之前必须滤除掉。低通滤波器可将超过设计最高频率的信号衰减至无法识别的地步，从而使后级放大器和信号调制器在设计频率的范围内工作。如本方案的模拟信号带宽为 6.5MHz，设计最高频率为 13MHz，13MHz 以上频率的衰减值应不小于 37dB。

（三）信号调制部分

信号调制部分是将预处理的 PAM 信号按照模拟 – 数字信号转换的要求进一步放大；将负极性 PAM 信号转换为正极性 PAM，并在 D2 码中记忆其原极性。经过"二次采样"得到更窄的 PAM 调幅脉冲，使其幅度值唯一，并将此 PAM 信号展宽至 D3 ~ D8 调制时隙的宽度，使其在模数调制期内 PAM 的幅度保持恒定值，以便调制后的 RPCM 唯一性，并将此 RPCM 与振铃脉冲 D1，极性脉冲 D2 及同步脉冲 D9 在信号汇合电路中汇合。通过时钟脉冲对位后，形成连续的、占空比为 50%，等幅的 RPCM 脉冲群，之后送至载频发射部分。

1. 模拟信号 PAM 采样电路

信息传输量不可能无限大，而模拟信号是连续信号，其由无数个独立信号组成，而且任何复杂的波形通过傅里叶级数展开，均可得到以其基频为主和基频的多次倍频合成的波形。所以，可以取其中的基频和有效的多次倍频的样本进行调制，经过传输、解调，然后进行滤波，就能够还原原来的信息。这里就是按照设计的最高频率对模拟信号进行采样，得到模拟信号的采样信号，即脉幅调制信号，其发送端的原理框图如图 4-22 所示。

以上模拟信号采样可还原的原理，在通信领域称作通信传输的采样定律，即在波形（信号）传输中，只要从波形的一个周期中抽取两个或两个以上的样点，即可还原原来的波形。

2. PAM 放大器

PAM 放大器是脉冲幅度放大器，作用是将采样 PAM 脉冲进行放大。

3. PAM 整流电路（脉冲整流）

因为经 PAM 放大器放大的信号仍然与模拟信号的极性相同，即为双极性脉幅不等的脉冲信号，所以如果直接对其进行调制编码，从负极最小值到正极最大值的编码位数需要较多的编码位数，而且大信号与小信号调制的误差精度差异较大。采取 PAM 脉冲整流的方式进行脉冲整流，只需要在单极性信号编码的基础上，增加一位极性码（D2）即可解决。即将负极性 PAM 信号整流成正极性 PAM 信号，只需要让极性码输出"1"，表示 PAM 的极性改变；而本来是正极性的 PAM 信号整流时，因为整流没有改变其极性，所以极性码输出"0"。因此可以由一套调制器进行调制编码，只是在解调时将负极性 PAM 信号还原成负极性调幅脉冲即可。这样就解决了用一套调制编码器（和一套解调器）对正极性和负极性的 PAM 信号进行调制和解调，在同样编码码位的情况下，使调制误差大幅度降低。

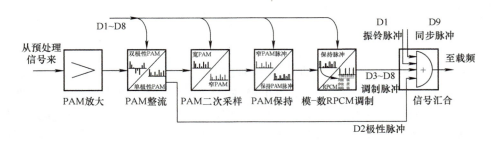

图 4-22　发送端信号调制部分原理框图

4. PAM 二次取样

经第一次采样的 PAM 信号，其脉宽的频顶部分仍然是高低不平的曲线，而在调制编码过程中，因 D3 ~ D8 时间不一样，故调制中每次取得的 PAM 信号的幅度也不一样，所以会产生调制失真。为了保证对于一个 PAM 信号每次调制编码的脉幅保持一致，所以要进行二次采样，即将 PAM 信号由宽脉冲转换为窄脉冲（适合一位脉冲的调制编码的脉冲宽度）。

5. PAM 信号保持

经过二次采样的窄 PAM 脉冲，其宽度在一位调制脉冲宽度及以下时，不能满足 6 位脉幅位脉冲调制编码时间的需求，故需要将窄 PAM 脉冲等脉幅保持，即从极性码 D2 的后沿开始，至下一通道信号的 D1 的前沿结束，保证在脉幅调制编码的过程中始终保持幅度不变。这一技术利用选取输入端对地电容和输入端的高阻抗抗场效应管或场效应管 IC 方案可以得到满意的解决。

6. PAM/RPCM 调制——反向脉冲编码调制

所谓信号调制，通俗地讲，就是将表示语音、图片、视频的频率、幅度、色彩及附加作用的模拟信号，根据需要采用一种编码方式，将模拟信号转换为二进制（或四进制，或八进制，或十六进制）数字（脉冲）信号，即以有信号的"1"，和无信号的"0"的转换方法和过程。

以 6 位编码为例，在一般情况下，当 PAM 幅度为 0（幅度最小值）时，调制编码为"000000"，而当 PAM 幅度为电平最大值时，调制编码为"111111"，这种调制编码即为正向调制编码；反之，在 PAM 幅度为 0（幅度最小值）时，调制编码为"111111"，而当 PAM 幅度为电平最大值时，调制编码为"000000"，这种调制编码即为反向调制编码。

为什么要采用反向调制编码呢？因为从前面对于时钟和同步脉冲的叙述可知，在通信电路中为了保持接收端与发送端同频、同步，其时钟脉冲是从发送端脉冲中提取和识别的，所以希望发送端所发送的"1"脉冲越多越好。众所周知，在通信电路运行中，信道空闲时隙的比例远高于信道忙碌时的比例，而即使在信道忙碌时，传输小信号的比例也远高于大信号的比例。所以，如果采用正向调制编码方案，那么在信道中传输的脉冲"0"信号远多于脉冲"1"信号。特别是深夜无通信业务时，传输信道中几乎全为"0"脉冲信号，与电路断线故障无区别，虽然现代通信中会设置故障监测系统，但是长时间的脉冲"0"信号对时钟和同步信号的提取十分不利。

在采用反向调制编码后，信道中无信号或小信号时，传输的脉冲"1"信号显著增加，据通信概率统计分析，一般通信信号中采用反向调制编码所传输的"1"脉冲信号也远多于"0"脉冲信号。这样就保证了接收端时钟脉冲和同步脉冲的提取。

7. 脉冲汇合电路

该部分就是将通/断信号脉冲（每通道的 D1）和极性码脉冲（每通道的 D2），经调制编码脉冲（每通道的 D3～D8）以及同步脉冲（D9），按照各自在时钟中的排列顺序进行排列、汇合在一起，形成发送端的脉冲电信号的电路。电路比较简单，不再赘述。

第四节 可见光信号的发射与接收

一、可见光信号载频的发射

载频部分的功能为将调制编码后的脉冲电信号装载到 LED 的光中，使电信号转换为光信号。其原理框图如图 4-23 所示。

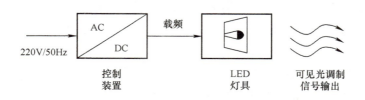

图 4-23 信号载频发射部分原理图

（一）控制装置的选取及要求

控制装置是 LED 的电能供应部件，因其所供电源（恒流源或恒压源）不仅供 LED 照明用，而且通过一定的光谱频率，可对调制编码后的脉冲列进行无线传输，所以对其指标有一定的要求。

1）输出电流（输出电压）的稳定性（相对恒流源或恒压源）；

2）输出电流（输出电压）中的纹波限制必须在脉冲识别值以下（根据输出电平决定）；

3）对控制系统的容抗和感抗的限制，因为容抗和感抗均会影响脉冲的前沿及后沿产生迟滞效应，并且会给传输速率带来很大的影响。所以应根据传输速率，对其容抗和感抗进行严格的限制。

（二）载频 LED 的选取及要求

载频 LED 既是照明灯具，也是可见光通信发送信息的载体和光脉冲发送设备，其在照明方面应满足通用照明的安全要求和技术指标要求。而作为可见光通信光脉冲载体和发射体，还需要具备以下要求：

1）因为调制编码脉冲要载频到一定中心波长的光波上，所以系统 LED 的中心波长需要具有一致性，其波长范围应选择 $\lambda = \lambda_0 \pm 1nm$；

2）因为调制编码脉冲要载频到 LED 上，而且脉冲信号幅度一般不超过照明电压（或电流）幅度的 5%，所以根据信号的传输电平，对 LED 的发光强度应满足其需要；

3）因为电容对脉冲信号的延迟作用，所以 LED 系统的电容值（由 LED 的结电容决定）应根据所设计的传输速率和传输距离有严格的要求；

4）既要防止多点效应，即从 LED 系统中不同灯具辐射出的脉冲信号在一个接收器上产生信号叠加，或因 LED 的光线经过墙壁等的反射或折射所引起的脉冲信号叠加；又要避免 LED 的辐射死角，即使设计空间内的边缘地方无信号或很弱，所以对载频 LED 的辐射角度和灯具布置设计也是必须注意的关键问题之一。在可见光通信用灯具的光辐射分布中，采用矩形光斑透镜的办法解决了信号叠加和信号死角的问题。

（三）可见光载频信息的发射

本部分是将调制编码经 LED 系统载频的照通结合信号通过空气进行无线可见光辐射的过程。主要注意发送端与接收端之间的距离应按照设计值设置，避免之间的光障碍物、传输介质等问题。可见光的有效发射距离与辐射立体角、主振频率有直接关联。

（四）可见光通信的脉冲编码调制波形示意图

用时钟和模拟信号经采样、脉冲整流、二次采样、信号保持和 A – D 调制过程的波形如图 4-24 所示。

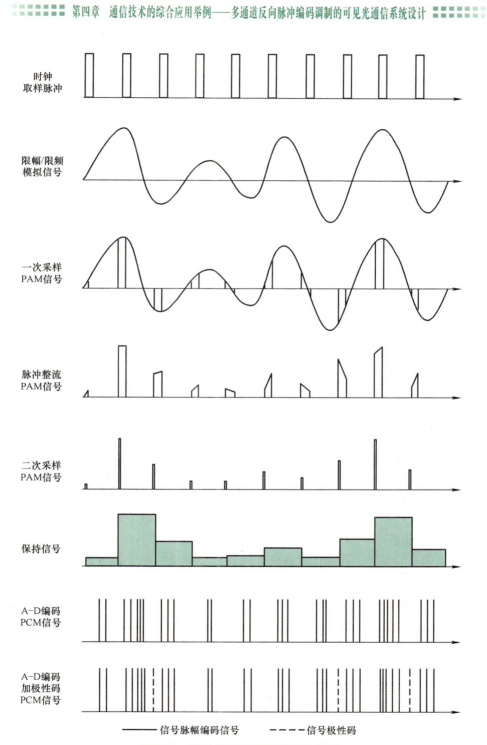

图 4-24 单通道 PCM 过程波形示意图

二、可见光信号的接收及光－电转换

数字光接收机一般包括光电探测器、前置放大器、主放大器、均衡器、判别器和解调器，其主要结构方框图图 4-25 所示。

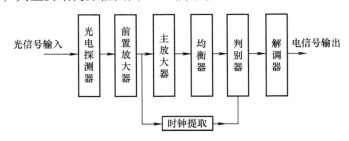

图 4-25　光信号接收及光电转换部分框图

（一）光电探测器（PIN）

光电探测器是一种将光辐射信号（光能）转换成电信号（电能）的器件。完成信号的光－电转换，即将 LED 所载信息的光信号，被无线传输衰减后，被光电探测器接收，并将接收的光信号转换成电信号。

其工作原理是基于光辐射与物质的相互作用所产生的光电效应，主要指标有接收灵敏度 S，接收响应度 R，量子效率 η，暗电流 I_d，响应速度 v_r，响应波长范围 λ_s，所选择的光电探测器的接收速率必需高于系统设计的主振频率。

光电探测器应满足以下的基本要求：

1）设计系统中，在设计可识别的脉幅范围内，应具有较高的接收灵敏度，以便尽量提高可见光信息传输的距离；

2）在设计系统的工作频谱范围内应具有足够接收响应度，即对于一定的入射光功率，能够产生尽可能大的光信号电流输出；

3）为适应宽带、高速信息通信，应具有足够快的响应速度，以满足设计传输速率的要求；

4）其探测器本身应具有较低的噪声，以降低对信号的影响，提高系统的信噪比；

5）在光－电转换过程中，在光电信号幅度范围内应具有良好的线性关系，以降低光电转换过程的信号失真度；

6）应具有红外线抑制功能，以避免信号外红外线带来的背景噪声；

7）应具有尽量小的体积，以满足系统小型化的发展趋势；

8）应具有较宽的工作温度，以及在宽温度环境下工作的稳定性和较长的使用寿命。

（二）RPCM 信号前置放大器

为了尽量提高传输距离，PIN 所接收到的 RPCM 脉冲信号的脉幅一般都比较小，光信息电流一般很微弱，无法直接进行时钟提取、判决和解码操作，并且具有不定的占空比（等于 50%、小于 50% 或大于 50%）。RPCM 信号前置放大器是将经过 PIN 检测出的微弱电信号进行小信号放大，达到可识别的脉冲有、无的幅度和控制一定的占空比。

前置放大器在放大的同时也引入了本身电阻带来的热噪声和晶体管带来的散粒噪声，这些噪声会在下一级放大器处得到放大，对系统的性能影响较大。所以，要对前置放大器进行特别设计，要求信号具有低噪声、高增益和宽频带的特点，从而使光接收系统能得到较大的信噪比。

用于光接收机的前置放大器主要有三种形式：

1）低阻抗前置放大器，如图 4-26a 所示；

2）高阻抗前置放大器，如图 4-26b 所示；

3）跨阻抗前置放大器，如图 4-26c 所示。

159

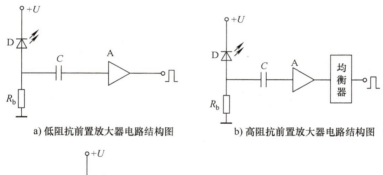

a) 低阻抗前置放大器电路结构图　　　　b) 高阻抗前置放大器电路结构图

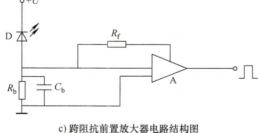

c) 跨阻抗前置放大器电路结构图

图 4-26　光接收机的三种主要前置放大器结构图

实际上，跨阻抗前置放大器是在高阻抗前置放大器 A 的基础上，为了改善其带宽而设计的，通过增加负反馈电阻 R_f，构成电压并联负反馈。

由公式 $R_i \approx R_f A$ 可知：R_i 为等效输入电阻，R_f 为负反馈电阻，A 为运算放大器放大参数。

输入电阻是高阻抗前置放大器 A 的前端等效电阻。由于输入电阻 R_i 变小，使前置放大器在抗噪声、电磁干扰方面产生的电压值变小，对放大器有好处，也不易发生串话。

带宽由下式决定：

$$B = 1/2\pi R_f C_t = A/4\pi R_f C_t$$

式中，B 为系统高端截止频率时的带宽；C_t 为总输入电容。

可见，带宽与输入电阻成反比，由于电阻的减小使得带宽至少增加了 A 倍。但是在设计的时候要注意，反馈电阻 R_f 的引入改善了宽带，但也引入了热噪声，所以反馈电阻 R_f 的大小要折中选择。

光电探测器和前置放大器是光接收机的核心部分，两者合在一起称为光接收机前端。光接收机前端是光接收机最先工作的部分，输出的信号供后续各部分处理用，其各处的波形示意图如图 4-27 所示。因此光接收机前端性能的优劣十分重要，其中光接收机的灵敏度起到决定作用。

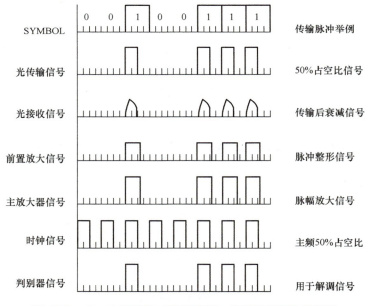

图 4-27　光－电转换器（解调前期）信号处理部分波形图

（三）RPCM 信号主放大器

RPCM 信号主放大器属于后级脉冲放大器。对来自前置放大器的低电平小信号进行脉幅放大，以达到满足判决器对信号"0""1"进行判决的电平。

（四）信号均衡器

信号均衡器对主放大器输出脉冲波形进行均衡，即围绕判别器判断的准确性，从而对脉冲波形进行脉冲幅度、脉冲宽度、脉冲占空比等脉冲波形质量进行调整，并对时钟脉冲的前沿和后沿进行校正。

第五节　信号解调器——RPCM/PAM 信号转换

信号解调器是信号调制器的逆变过程，即将接收到的数字信号还原成模拟信号的过程。本部分由脉冲判别器和信号解调器组成，其原理框图如图 4-28 所示。

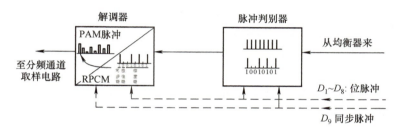

图 4-28　信号解调部分原理框图

（一）RPCM 脉冲判别器

PCM 脉冲判决器的工作是恢复数字信号，根据信号电平的大小判别出该信号是"1"bit 还是"0"bit。在同步信号的引导下，将均衡器整形的脉冲与时钟脉冲进行"相与"，得到与时钟脉冲同相位的信息脉冲列，送至解调器将脉冲列信号转换成模拟信号。

（二）RPCM 信号解调器

RPCM 信号解调器完成解码功能，完成信号从脉冲信号转换成模拟信号，具有调制器的反向功能。

（三）PAM 信号的后处理

PAM 信号的后处理包括：利用同步脉冲 D9 进行第一通道信息判定，然后利用通道脉冲（CH1、CH2、CH3、CH4）将各个信道的 PAM 信号分开，让各路 PAM 信号"各行其道"，信号进入各个分路电路系统。其原理与发送端的"采样"原理相似，在此不再赘述。PAM 信号在各个分路中经滤波器（包括高频滤波和 PAM→模拟信号滤波），模拟信号放大，送入信号接收器（显示和音频）终端，即完成可见光通信的全过程，其原理框图如图 4-29 所示。

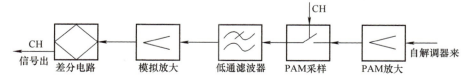

图 4-29　信号后处理部分原理图

1. PAM 信号放大器

PAM 信号是源信号的采样代表信号，所以其幅度中既包含还原后模拟信号的幅度信息，也包含还原后模拟信号的频率信息。PAM 信号放大器可视为既是脉冲放大器，又是模拟放大器。

2. 滤波器

解调后的 PAM 信号中，主要是源信号的解调信息，但是也可能包含外部高频干扰脉冲解调信息和不规则波形中的高倍频信息，在还原成模拟信号的过程中，可能产生高频杂信号。所以，在滤波前必须将源信息频率以上的高频信息过滤掉，并且通过滤波电路将 PAM 信号还原成连续的模拟信号。这就是接收部分滤波器（高频滤波器）的作用。

3. 模拟信号放大器

模拟信号放大器就是根据最后信息传送至各个通道终端（音响、图片文件接收器、视频显示器等）的距离和要求的电平，对模拟信号予以放大。

4. 差分电路——模拟信号输出

本部分前面已详细叙述，此处不再赘述。

系统设计总结：

1）本系统采用 RPCM 方式调制/解调信息，通过可见光通信系统传输。

2）本系统适用于一套信息发送/接收主控系统（如上级），4 路不同的信息接收/发送系统（如上级的下属部门），适合上级向不同部门发送不同的信息，而各个部门可将信息上传给上级的双向信息传输方式，且在 4 通道传输中共用部分占 80% 以上。

3）本系统可以扩展到更多通道，最好扩展为 8 通道、16 通道等 2 的 n 次方通道，便于定时部分处理。但必须注意相关元器件的频率满足设计要求，并考虑频率与传输距离的要求。

4）按照国际标准 PCM 系统的标准类型应为：

T1 型——基群 32 路，基频 2.048 MHz；

E1 型——基群 24 路，基频 1.544 MHz。

第五章

未来的量子通信技术

第一节　量子通信技术概述

一、量子与量子通信

（一）量子（quantum）

定义：一个物理量如果有最小的单元而不可连续地分割，则称这个物理量是量子化的，并把最小的单元称为量子。

其基本概念是所有的有形性质的物质也许都是可量子化的。量子化指其物理量的数值会是一些特定的数值，而不是任意值。例如，在（休息状态的）原子中，电子的能量是可量子化的，这能决定原子的稳定性和一般问题。

（二）量子通信（quantum communication）

定义：量子通信是利用量子叠加态和纠缠效应进行信息传递的新型通信方式，基于量子力学中的不确定性、测量坍缩和不可克隆三大原理，提供了无法被窃听和计算破解的绝对安全性保证，主要分为量子隐形传态和量子密钥分发两种。

（三）量子计算机（quantum computer）

定义：量子计算机是一种全新的基于量子理论的计算机，是遵循量子力学规律进行高速数学和逻辑运算、储存及处理量子信息的物理装置。

量子计算机的概念源于对可逆计算机的研究。量子计算机应用的是量子比特，可以同时处在多个状态，而不像传统计算机那样只能处于 0 或 1 的二进制状态。

1. 量子计算机的研发状况

2017 年 5 月 3 日，中国科学技术大学潘建伟教授领导的研究团队宣布，在光学体系于 2016 年首次实现在光子纠缠操纵的基础上，利用高品质量子点单光子源，构建了超越早期经典计算机的单光子量子计算机。

2017 年 12 月，德国康斯坦茨大学与美国普林斯顿大学及马里兰大学的物理学家合作，开发出了一种基于硅双量子位系统的稳定的量子门。

2018 年 12 月 6 日，量子计算机控制系统"原 Q 量子系统"（OriginQ Quantum，AIO）在中国合肥诞生，该系统由本源量子开发。

2019 年 1 月 10 日，IBM 宣布推出商用集成量子计算系统，即 IBM Q System One。

2. 量子理论——物理学的理论之一

19 世纪末 20 世纪初，物理学正处于新旧交替的时期。生产的发展和技术的进步，促使物理实验中的一系列重大发现，使当时的经典物理理论更显其正确性和可应用性，而唯一不协调的是物理学天空上出现了小小的"两朵乌云"。但是正是这两朵乌云却揭开了物理学革命的序幕。一朵乌云下降生了量子论（quantum theory），紧接着从另一朵乌云下降生了相对论（theory of relativity）。量子论和相对论的诞生，使整个物理学面貌焕然一新。

量子论是现代物理学的两大基石之一。量子论为人们提供了新的关于自然界的表述方法和思考方法。揭示了微观物质世界的基本规律，为原子物理学、固体物理学、核物理学和粒子物理学奠定了理论基础。它能很好地解释原子结构、原子光谱的规律性、化学元素的性质、光的吸收与辐射等已发现的物理现象。

3. 量子理论的建立与发展

马克思有句名言："历史上有惊人的相似之处。"正处于世纪之交的 20 世纪初的物理学硕果累累，但也遇到两大困惑，即夸克禁闭和对称性破缺，这预示着物理学正面临新的挑战。重温百年前量子论建立与发展的那段历史，也许会使人们受到新的启迪。从量子理论提出到量子力学建立的历史，在量子理论发展过程经历了许多曲折。

4. 历史的孕育

在 19 世纪末，经典物理学理论已经发展到相当成熟的阶段，几个主要部分，即力学、热力学和分子运动论、电磁学以及光学都已经建立了完整的理论体系，在应用上也取得了巨大成果，其主要标志是：

1）物体的机械运动在其速度远小于光速的情况下，严格遵守牛顿力学的规律；

2）电磁现象总结为麦克斯韦方程组；

3）光现象有光的波动理论，最后也归结为麦克斯韦方程组；

4）热现象有热力学和统计物理的理论。

在当时看来，物理学的发展似乎已达到了巅峰，于是，多数物理学家认为物理学的重要定律均已找到，伟大的发现不会再有了，理论也已相当完善了，以后的工作无非是在提高实验精度和理论细节上做一些补充和修正，使常数测得更精确而已。英国著名物理学家开尔文在一篇瞻望 20 世纪物理学的文章中，就曾谈到："在已经基本建成的科学大厦中，后辈物理学家只要做一些零碎的修补工作就行了。"

然而，正当物理学界沉浸在满足的欢乐之中的时候，在实验中陆续出现了一系列重大发现，如固体比热、黑体辐射、光电效应、原子结构……

这些新现象都涉及物质内部的微观过程，用已经建立起来的经典理论进行解释显得无能为力。特别是关于黑体辐射的实验规律，运用经典理论得出的瑞利－金斯公式，虽然在低频部分与实验结果符合得比较好，但是随着频率的增加，辐射能量单调地增加，在高频部分趋于无限大，即在紫色一端发散。这一情况被埃伦菲斯特称为"紫外灾难"。对迈克尔逊－莫雷实验所得出的"零结果"更是令人费解，实验结果表明，根本不存在"以太漂移"。这引起了物理学家的震惊，反映出经典物理学面临着严峻的挑战。

这两件事被当时物理学界的权威称为"在物理学晴朗的天空的远处还有两朵小小的、令人不安的乌云"。然而就是这两朵小小的乌云，给物理学带来了一场深刻的变革。

5. 物理学的重大实验与发现

表 5-1 列出了世纪之交，物理学上有重大意义的实验与发现。

表 5-1 世纪之交物理学的重大实验与发现

年代	人物	贡献
1895	伦琴	发现 X 射线
1896	贝克勒尔	发现放射性
1896	塞曼	发现磁场使光谱线分裂
1897	J.J 汤姆生	发现电子
1898	卢瑟福	发现 α 射线
1898	居里夫妇	发现放射性元素钋和镭
1899—1900	卢梅尔和鲁本斯等人	发现热辐射能量分布曲线偏离维恩分布率
1900	维拉德	发现 γ 射线
1901	考夫曼	发现电子的质量随速度增加
1902	勒那德	发现光电效应基本规律
1902	里查森	发现热电子发射规律
1903	卢瑟福	发现放射性元素的蜕变规律

这些新的物理现象将人们的注意力引向更深入、更广阔的天地。这一系列新发现，与经典物理学的理论体系产生了尖锐的矛盾，暴露了经典物理理论中的缺陷，指出了经典物理学的局限。物理学只有从观念上，从基本假设上以及从理论

体系上来一番彻底的变革，才能适应新的形势。

6. 物理学新发现带来物理学发展的局面

1）电子的发现，打破了原子不可分的传统观念，开辟了原子研究的崭新领域（见图 5-1）；

2）放射性的发现，开启了放射学的研究，为原子核物理学作好必要的准备；

3）以太漂移的探索，使以太理论处于重重矛盾之中，为从根本上抛开以太存在的假设，创立狭义相对论提供了重要依据；

4）黑体辐射的研究导致了普朗克黑体辐射定律的发现，由此提出了能量子假说，为量子理论的建立开辟了新的视野。

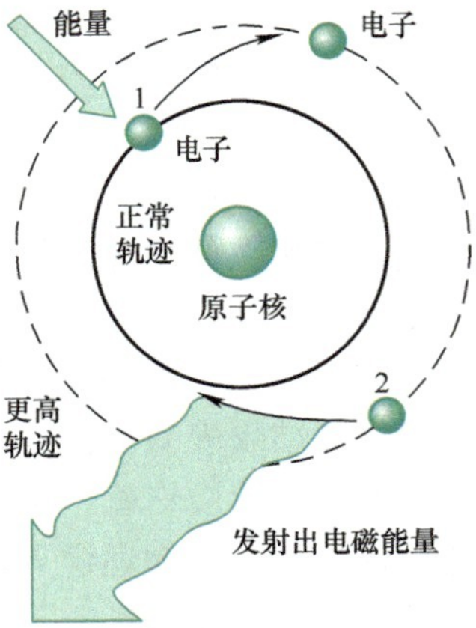

总之，这个时期是物理学发展史上不平

图 5-1　电子的发现

凡的时期。经典理论的完整大厦，与晴朗天空的远方漂浮着两朵乌云，构成了19 世纪末的画卷；20 世纪初，新现象新理论如雨后春笋般不断涌现，物理学界思想异常活跃，堪称物理学的黄金时代。这些新现象与经典理论之间的矛盾，迫使人们冲破原有理论的框架，摆脱经典理论的束缚，在微观理论方面探索新的规律，建立新的理论。

（四）旧量子论的建立

20 世纪初，新的实验事实不断被发现，经典物理学在解释一些现象时出现了困难，其中表现最为明显和突出的是以下三个问题：一是黑体辐射问题；二是光电效应问题；三是原子稳定性和原子光谱问题。量子概念就是在对这三个问题进行理论解释时作为一种假设而提出的。

1. 黑体辐射的研究

热辐射是 19 世纪发展起来的一门新学科，它的研究得到了热力学和光谱学的支持，同时用到了电磁学和光学的新兴技术。到 19 世纪末，这个领域又打开了一个缺口，即关于黑体辐射的研究，由此直接导致了量子论的诞生。为了得出与实验相符的黑体辐射定律，许多物理学家进行了各种尝试。

如 1893 年德国物理学家维恩（Winhelm Wein，1864—1928）提出一个黑体辐射能量分布定律，即维恩公式。这个公式在短波部分与实验中观察到的结果较为符合，但是在长波部分则明显地与实验不符。

再如 1900 年英国物理学家瑞利（Rayleigh）和金斯（J. H. Jeans）又提出一个辐射定律，即瑞利 – 金斯公式，这个公式在长波部分与观察一致，而在短波（高频）部分则与实验大相径庭。使多数物理学家敏锐地看到经典物理的狭隘性和不完整性，以及面临的严峻挑战与危机。

直到 1900 年德国物理学家普朗克（Max Planck，1858—1947）为解决黑体辐射问题，大胆地提出了：电磁振荡只能以"量子"的形式发生，量子的能量 E 和频率 u 之间有一确定的关系，即 $E = hu$，其中 h 为一个自然的基本常数。普朗克假定：黑体以 hu 为能量单位不连续地发射和吸收频率为 u 的辐射，而不是像经典理论所要求的那样可以连续地发射和吸收能量。普朗克利用这个因素，在理论上得到与观察一致的能量 – 频率关系。

普朗克此前长期从事热力学的研究工作。自 1894 年起，他把注意力转向黑体辐射问题。瑞利公式提出后，普朗克试图用"内插法"找到一个普遍化公式，把代表短波方向的维恩公式和代表长波方向的瑞利 – 金斯公式综合在一起。很快地，他从"量子"的视野出发，终于找到了维恩公式和瑞利 – 金斯公式的统一公式，即普朗克公式，其公式描述和曲线如图 5-2 和图 5-3 所示。其短波部分与维恩公式曲线相吻合，其长波部分与瑞利 – 金斯公式相吻合，而在 $5 \sim 8\,\mu m$ 取其中间值，且与实验值一致，得到了普朗克公式。

短波区 v 较大，$e^v - 1 \approx e^v$

$$\rho(V, T) \approx \frac{8\pi h}{c^3} \cdot e^{-hv/kT}$$

（与维恩近似形式相同）

普朗克公式

$$\rho(V, T) = \frac{8\pi h}{c^3} \cdot \frac{v^3}{e^{hv/kT} - 1}$$

长波区 v 较小，$e^v - 1 \approx e^v$

$$\rho(V, T) \approx \frac{8\pi h}{c^3} \cdot kT$$

（与瑞利–金斯公式形式相同）

图 5-2　普朗克公式

这就是普朗克辐射定律。与维恩公式相比，仅在指数函数后多了一个 -1。作为理论物理学家，普朗克当然不满足于找到一个经验公式。实验结果越是证明他的公式与实验相符，就越促使他致力于探求这个公式的理论基础。为从理论上

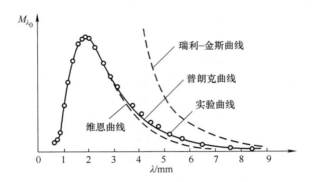

图 5-3　维恩曲线/瑞利 – 金斯曲线/普朗克曲线图

推导这一新定律，普朗克经过两三个月的努力，终于在 1900 年底用一个能量不连续的谐振子假设，按照玻尔兹曼的统计方法，推出了黑体辐射公式。普朗克解决黑体辐射问题并提出能量子假说的关键，是采用了玻尔兹曼的方法。玻尔兹曼是热力学第二定律的统计解释的提出者。

普朗克量子化假设谐振子能量是量子化的：$\varepsilon = nh\nu$（$n = 1$，2，$3\cdots$）

普朗克常量：$h = 6.6260755 \times 10 - 34 \mathrm{J} \cdot \mathrm{S}$

能量子：$\varepsilon = h\nu$

普朗克黑体辐射公式如下：

$$M_V(T) = \mathrm{d}v = \frac{2\pi h}{c^2} \frac{v^3 \mathrm{d}v}{e^{h\nu/kT} - 1}$$

1877 年，玻尔兹曼在讨论能量在分子间的分配问题时，把实际连续可变的能量分成分立的形式加以讨论。普朗克使用玻尔兹曼的统计方法，不仅解决了黑体辐射问题，更为重要的是，普朗克以此揭示了量子论的曙光。

普朗克的能量子概念是近代物理学中最重要的概念之一，在物理学发展史上具有划时代的意义。自从 17 世纪以来，"一切自然过程都是连续的"这条原理，似乎被认为是天经地义的。莱布尼兹和牛顿创立的无限小数量的演算，微积分学的基本精神正体现了这一点，而普朗克为人们建立新的概念，探索新的理论，开拓了一条新路。在这个假设的启发下，许多微观现象得到了正确的解释，并在此基础上建立起一个比较完整的，并成为近代物理学重要支柱之一的量子理论体系。在物理学历史上，1900 年不仅是历史书上一个新世纪的开启，也是物理学发展史上一个新纪元的开端，它标志着人类对自然的认识，对客观规律的探索从宏观领域进入微观领域的物理学新时代的开启。另外，同任何新生理论一样，普朗克的量子理论仍需进一步补充、修改和完善。在普朗克的理论中，他只考虑器壁上振子是量子化的，而对空腔内的电磁辐射，普朗克认为它仍是连续的，只有当它们与器壁振子能量交换时，其能量才显示出不连续性，至于电磁波在空间传播过程中如何分布，普朗克亦未说明。而年轻的爱因斯坦，则在普朗克理论的基础上，为量子理论的发展打开了新的局面。

2. 光电效应的研究

1905 年，爱因斯坦针对经典理论解释光电效应所遇到的困难，发表了他的著名论文《关于光的产生和转化的一个试探性观点》。在这篇论文中，爱因斯坦总结了光学发展中微粒说和波动说长期争论的历史，揭示了经典理论的困境，在普朗克能量子假说的基础上，提出了一个崭新的观点，即光量子假说。

爱因斯坦从经验事实出发，阐明了能量子存在的客观性。他指出，19 世纪中期，光的波动说与电磁理论取得了绝对性的胜利，但在光的产生与转化的瞬时现象中，光的波动说与经验事实不相符。爱因斯坦注意到，如果假定黑体空腔中的电磁辐射有粒子性，即假定辐射能量由大小为 hu 的量子组成，那么就能理解普朗克的黑体辐射定律的某些方面，而光是电磁波，因此可以看作由光量子组成。在他看来，如果假定光的能量在空间的分布是不连续的，就可以更好地理解黑体辐射、光致发光、紫外线产生阴极射线（即光电效应），以及其他有关光的产生和转化的现象的各种观测结果。根据这一假设，从点光源发射出来的光束的能量在传播过程中将不是连续分布在越来越大的空间中，而是由一个数目有限的局限于空间各点的能量子所组成。这些能量子在运动中不再分散，只能作为一个整体被吸收或产生。

爱因斯坦早已意识到量子概念必然会引起物理学基本理论的变革，不过，在普朗克看来，电磁场在本质上还是连续的波。在这里，爱因斯坦明确指出，光的能量不仅在辐射时是一份一份的，即量子化的，而且在传播过程中以及在与物质相互作用过程中也是一份一份的，这就是说，电磁场能量本身是量子化的，辐射场也不是连续的，而是由一个个集中存在的，不可分割的能量子组成的。

爱因斯坦把这一个个能量子称为光量子，1926 年被美国物理学家路易斯定名为光子。同时，爱因斯坦从维恩公式有效范围内的辐射熵的讨论中，得到了光量子的能量表达式为 $E = hu$。爱因斯坦认为，当光照到金属表面时，能量为 hu 的光子与电子之间发生了能量交换，电子全部吸收了光子的能量，从而具有了能量 $E = hu$，但要使电子从金属表面逸出，则必须克服金属表面对它的吸引力，损失掉一部分能量，即电子必须克服吸引力而做功 W（逸出功）。根据能量转化和守恒定律可知，剩下的一部分能量就成为离开表面时的动能

$$E_k = hu - W_0 (W \text{ 和材料有关})$$

这就是爱因斯坦的光电方程。依据爱因斯坦的光量子假说和光电方程，便可以非常出色地解释光电效应的实验结果。从上式可以看到，电子逸出金属表面的速度（动能），只与光的频率和所用材料有关而与光的强度无关；当所用光的频

率低于某一特定值，即 hu 小于 W 时，无论光强多大，电子都不会逸出金属表面。1923 年，美国物理学家康普顿通过 X 射线在物质中的散射实验，进一步证实了光量子的存在，为爱因斯坦的理论提供了有力的证据。

爱因斯坦之所以能得出光电方程，并对光电效应进行了正确的解释，主要是由于得到了普朗克能量子假说的启发，再加上他对黑体辐射现象的深入理解，以及坚实的知识基础和创新精神，爱因斯坦提出光量子假说和光电方程，又是非常大胆的，因为在当时还没有足够的实验事实来支持他的理论。尽管理论与已有的实际观测结果并无矛盾，但爱因斯坦仍然非常谨慎，所以称之为"试探性观点"。但如果详细地回顾一下光电效应的发现史，就更加佩服爱因斯坦的胆略。

光量子理论在揭示自然规律时的重要意义，不仅在于对光电效应做出了正确的解释，还表现在它使人们重新认识了光的粒子性，从而对光的本质的认识产生了一个飞跃，揭示了光既有波动性又有微粒性的双重特性，为光的波粒二象性的提出奠定基础。这种特性具体表现在，作为一个粒子的光量子的能量 E 与电磁波的频率 μ 不可分割地联系在一起。具体地说，在光的衍射与干涉现象中，光主要表现出波动性；而在光电效应一类现象中则主要表现出粒子性。1909 年爱因斯坦在一次学术讨论会上说，理论物理学发展的下一阶段，将会出现关于光的新理论，这个理论将把光的波动说与微粒说统一起来。

3. 玻尔理论

普朗克和爱因斯坦的工作在物理学史上有其重要的地位，但使量子理论产生深远影响的是玻尔。

1913 年，丹麦物理学家及 20 世纪主要科学思想家尼尔斯·玻尔再一次地利用了普朗克理论。他从卢瑟福的有核模型、普朗克的能量子概念以及光谱学的成就出发，得到了在相当准确度上，自然实际服从的许多分立并稳定的能量级和光谱频率的规则，从而成功地解决了原子有核结构稳定性的问题，并出色地解释了氢原子的光谱。后来，依万士（E. J. Evans）的氢光谱实验证实了玻尔关于匹克林（Pickering）谱线的预见。莫塞莱（H. G. J. Moseley）测定各种元素的 X 射线标识谱线，证明它们具有确定的规律性，为卢瑟福和玻尔的原子理论提供了有力证据。

1911 年，英国物理学家卢瑟福在 α 粒散射实验的基础上，提出了原子的有核模型，这个模型无疑与实验事实相吻合。但是，一个严峻而急迫的难题，挡住了卢瑟福模型进一步发展的道路，那就是它还缺少一个理论支柱。因为，如果按照经典理论和卢瑟福模型，那么原子将不会稳定存在，并且原子光谱也将是连续变化的。而事实上，原子是稳定的，光谱则是分立的。

丹麦物理学家玻尔（N. Bohr，1885—1962）是卢瑟福的学生，他坚信卢瑟福的有核原子模型是符合客观事实的。当然，他也很了解这个模型所面临的困难。玻尔认为，要解决原子的稳定性问题，"只有量子假说是摆脱矛盾的唯一出路。"也就是说，要描述原子现象，就必须对经典概念进行一番彻底的改造。但是摆在玻尔面前的是重重困难，问题十分棘手。在此之前，为了解决原子模型的稳定性问题，一些物理学家曾试图将普朗克的量子假设引入到种种原子模型中，但均未获成功，但他们的工作给了玻尔很大的启发，玻尔决定把量子概念引入卢瑟福的有核原子模型中。

1913年初，正当玻尔苦思冥想之际，他的一位朋友汉森向他介绍了氢光谱的巴尔末公式和斯塔克的著作。他立即认识到这个公式与卢瑟福的核模型之间应当存在着密切的关系，他仔细地分析和研究了当时已知的大量光谱数据和经验公式，特别是巴尔末公式，受到了很大的启示。同时他从斯塔克的著作中学习了价电子跃迁产生辐射的理论。这样，光谱学和原子结构，这原先互不相干的两门学科，被玻尔看到了它们的内在联系。

光谱学中大量的实验数据和经验公式，为原子结构提供了十分有用的信息。玻尔抓住光谱学的线索，将他的原子理论发展到一个决定性阶段。玻尔在这些基础上，深思了这些问题和前人的设想，分析了原子和光谱之间的矛盾，巧妙地把普朗克、爱因斯坦和卢瑟福的思想结合起来，创造性地将光的量子理论引入到原子结构中来，从原子具有稳定性以及分立的线状光谱这两个经验事实出发，建立了新的原子结构模型。

1913年玻尔写出了他著名的三部曲，即名为《原子与分子结构》Ⅰ、Ⅱ、Ⅲ的三篇论文。在这三篇论文中，玻尔提出了与经典理论相违背的两个极为重要的假设，它们是定态假设和跃迁假设。为了具体确定定态的能量数值，玻尔提出了量子化条件，即电子的角动量 J 只能是 h 的整数倍。在这里他运用了在以后经典量子论中一直起指导作用的对应原理。

玻尔的原子结构模型取得了巨大的成功，较好地了解决原子的稳定性问题，并且成功地解释了氢光谱的巴尔末公式，对氢原子和氢离子光谱的波长分布规律做出了完满的解释，使得原子物理学与光谱学很好地结合起来，同时，玻尔理论还成功地解释了元素周期表，使量子理论取得了重大进展。狄拉克后来曾评论说："这个理论打开了我的眼界，使我看到了一个新的世界，一个非常奇妙的世界。我认为，在量子力学的发展中，玻尔引进的这些概念，迈出了伟大的一步。"

玻尔之所以成功，在于他全面地继承了前人的工作，并正确地加以综合，在旧的经典理论和新的实验事实的矛盾面前勇敢地肯定实验事实，冲破旧理论的束缚，从而建立了能基本适于原子现象的定态跃迁原子模型。

玻尔的原子理论突破了经典理论的框架，是量子理论发展中一个重要里程碑，对氢原子光谱和原子稳定性做出了合理的解释。但是，玻尔的设想虽极其成

171

功，却只是提供了一种临时的理论。因为玻尔在处理原子问题时，并没有从根本上抛弃经典理论，例如玻尔仍然将电子看成是经典物理学中所描述的那样的粒子，这些粒子具有完全确定的轨道行动等，实际上他的理论是经典理论与量子理论的混合体。所以人们常把1900—1923年中发展起来的量子理论称为旧量子论，这一时期从普朗克的能量子假说，爱因斯坦的光量子说，直至玻尔的原子结构模型，都表明物理学已经开始冲破了经典理论的束缚，实现了理论上的飞跃，它们的共同特征是以不连续或量子化概念取代了经典物理学中能量连续的观点。

普朗克、爱因斯坦、玻尔同为旧量子理论的奠基者，他们的思想是旧量子论的重要组成部分，而玻尔理论是其核心内容，玻尔则是旧量子论的集大成者。借恩格斯评论19世纪化学状况的话来说，有了玻尔理论，就使得"现已达到的各种结果都具有了秩序相对的可靠性，已经能够系统地，差不多是有计划地向还没有征服的领域进攻，就像计划周密地围攻一个堡垒一样"。众所周知，随之而来的"进攻"是波澜壮阔声势浩大的，所以说玻尔理论使得物理学迈出了"伟大的一步"。

虽然新理论本身还不完善，它对实验现象的解释范围有限，但却打开了人们的思路，给人们很大的启发，它推动人们去寻找更为完善的理论。量子力学就是在这种情况下逐步建立起来的，量子力学的建立与发展自普朗克提出量子概念后，物理学的基本理论研究已进入到近代物理的领域。在20世纪20年代，物理学理论的研究主要集中在下面三方面：

其一，从经典电动力学的研究进入到相对论的研究。1905年，爱因斯坦提出了狭义相对论，1915年又提出了广义相对论，从此相对论不单是理论物理学家们互相钻研的对象，而且为全世界所瞩目。

其二，19世纪末麦克斯韦，玻尔兹曼，20世纪初吉布斯等人所建立的统计物理是理论物理中广泛研究的内容之一，到20世纪20年代，出现了玻色-爱因斯坦统计（Bose-Einstein statistics），这是一种玻色子所依从的统计规律，以及费米-狄拉克统计，这是费米子所依从的统计规律，其物理含义是能量为 E 的每个量子态上被电子所占据的概率。

其三，关于原子结构的研究。1897年，汤姆生发现电子，开始了对原子结构的研究；1911年，卢瑟福提出原子的有核模型；1913年玻尔提出原子结构的量子论。从此这方面的研究越来越活跃，量子力学就是开始于研究原子物理中的一些不能解释的问题，由此可以说，量子力学是从讨论原子结构入手的。它的发展有两条路线，一条路线是由德布罗意提出物质波，后来薛定谔引入波函数的概念，并提出薛定谔方程，建立了波动力学；另一条路线是海森堡提出了矩阵力学，玻恩等人提出了力学量算符表示法。从两条不同的道路解决了同一个问题，即微观粒子的力学方面的运动规律。二者的统一工作主要是由狄拉克完成，并加以推广的，最后完成了相对论性的量子力学。

4. 德布罗意物质波

作为量子力学的前奏，德布罗意的物质波理论有着特殊的重要性。早在 1905 年，爱因斯坦在他提出的光量子假说中，就隐含了波动性和粒子性是光的两种表现形式的思想，并预言会出现将波动说与微粒说统一起来的新理论。20 年代初，正当现代物理学面临重大突破之际，法国贵族物理学家路易斯·德布罗意王子于 1923 年在他的博士论文中提出实物粒子应有波动性行为。

德布罗意关于波粒二象性的研究，一方面得益于爱因斯坦相对论和光量子概念的启示，另一方面受到了布里渊将实物粒子和波联系起来的观点的影响（虽然布里渊的尝试没有成功，可是他的思想对正在攻读博士学位的德布罗意产生了有益的影响）。

德布罗意把"以太"的观念去掉，把以太的波动性直接赋予电子本身，对原子理论进行深入探讨。物理学界前辈们的辛勤开拓，为后继者的探索扫清了道路。德布罗意考查了光的微粒说与波动说的历史，注意到 19 世纪时哈密顿（W. R. Hamilton，1805—1865）曾阐述几何光学与经典力学的相似性。因而他想到，正如几何光学不能解释光的干涉和衍射一样，经典力学也无法解释微观粒子的运动规律。所以他在一开始就有了这种想法："看来有必要创立一种具有波动特性的新力学，它与旧力学的关系如同波动光学与几何光学的关系一样。"他大胆地猜测力学和光学的某些原理之间存在着某种类比关系，并试图在物理学的这两个领域里同时建立一种适应两者的理论，而这一理论后来由奥地利物理学家薛定谔完成。

1922 年，以发表关于黑体辐射的论文为标志，德布罗意向前迈出了重要的一步。在这篇文章中，他用光量子假设和热力学分子运动论推导出维恩辐射定律，而从光子气的假设下，得出普朗克定律，这说明他对辐射的粒子性有深刻的理解，这篇文章使他站在了当时物理学的前沿。

对量子论的兴趣引导着德布罗意朝着将物质的波动方面和粒子方面统一起来的方向向前探索。1923 年的夏天，德布罗意的思想突然升华到一个新的境界：普朗克的能量子论和爱因斯坦的光量子论证明了过去被认为是波的辐射具有粒子性，那么过去被认为是粒子的东西是否具有波动性呢？德布罗意后来回忆说，关于这类问题"经过长期的孤寂的思索和遐想之后，在 1923 年我蓦然想到，爱因斯坦在 1905 年所做出的发现，应当加以推广，使它扩展到包括一切物质粒子，尤其是电子"的整个领域。从这年秋天起，他关于物质波的创造性思想不断地流露出来，并在 9 ~ 10 月间连续在《法国科学院通报》上发表了三篇有关波和量子的短文，提出了将波和粒子统一起来的思想。

在 1924 年向巴黎大学理学院递交的博士论文《量子论的研究》中，德布罗意把他的新观点更为系统、明确地表达了出来。他在论文中指出："整个世纪以来，在光学上比起波动的研究方法，是过于忽视了粒子的研究方法；在实物粒子的理论上是否发生了相反的错误呢？是不是我们把关于粒子的图像想得太多，而过分地忽略了波的图像呢？"他认为"任何物体伴随以波，而且不可能将物体的运动和波的传播分开"。这就是说波粒二象性并不只是光才具有的特性，而是一切粒子共有的属性，即原来被认为是粒子的东西也同样具有波动性。这种与实物粒子相联系的波称为物质波或德布罗意波。粒子的这种波粒二象性由德布罗意关系式，根据光波与光子之间的关系，把微观粒子的粒子性质（能量 E 和动量 p）与波动性质（频率 ν 和波长 λ）联系起来，即 $E = h\nu$，$p = h\nu/c = h/\lambda = \hbar k$，$k = 2\pi/\lambda$。

可进一步揭示，这个关系式将长期以来被认为性质完全不同的两个物理概念，即动量与波长用普朗克常数 h 有机地联系在一起，从而将粒子性与波动性融于同一客体中。虽然德布罗意的博士论文得到了答辩委员会的高度评价，认为很有独创精神，但是德布罗意的论文发表以后，关于物质波的理论当时并没有引起物理学界的重视。

后来，他的导师朗之万把他的论文寄给爱因斯坦并劝爱因斯坦认真研读，爱因斯坦看过德布罗意的论文后，事情起了戏剧性的变化，爱因斯坦认为德布罗意提出的实物粒子具有波动性正好与他提出的光具有粒子性相对应。

德布罗意在提出物质波的过程中，运用了几何光学中费马原理与经典力学中莫培督变分原理的类比，并受到爱因斯坦关于光的波粒二象性的启示。这种新观念的建立，表现出大自然具有的和谐和对称性质，同时也为波动力学的建立提供了重要依据。另外，爱因斯坦很理解德布罗意的学说不易为人们所接受，因为他本人在 1905 年提出光的粒子性时，为了使他的同行们接受这个观点曾颇费周折。所以爱因斯坦给德布罗意提供了有力的支持，德布罗意的论文经爱因斯坦的大力推荐后，引起了物理学界的广泛关注。德布罗意设想晶体对电子束的衍射实验，有可能观察到电子束的波动性。后来，戴维森和 G. P 汤姆森各自从电子在晶体中的衍射证明了物质波的存在，由于这方面的杰出工作，他们共同获得了 1937 年的诺贝尔物理学奖。

（五）波动力学——现代量子论的建立

从以上论述可见，旧的量子理论出现于 1900—1925 年，是量子理论的早期阶段，其主要包括：

1）普朗克量子假说（1900 年）：辐射量子假说，普朗克常数。

2）爱因斯坦光量子理论（1905 年）：解释了光子能量、动量与辐射频率及波长的关系，解决了光电效应、低温固体比热的问题。

3）波尔的原子量子理论（1913 年）：原子中的电子只能在分立的轨道上运

动，原子具有确定的能量，其能量态转变时吸收或辐射能量，此理论有局限性。法国的德布罗意提出了波粒二相假设，并为实验所证实。

旧的量子理论主要是对经典的物理理论加以修正或附加某些条件，用以解释微观世界，并不是从根本上创立全新的对微观世界的研究的理论。

德布罗意物质波理论提出以后，人们希望建立一种新的原子力学理论来描述微观客体的运动，完成这一工作的是奥地利物理学家薛定谔，他在德布罗意物质波理论的基础上，以波动方程的形式建立了新的量子理论，即波动力学。

1925 年夏秋之际，薛定谔正在从事量子气体的研究，这时正值爱因斯坦和玻色关于量子统计理论的著作发表不久。爱因斯坦在 1924 年发表的《单原子理想气体的量子理论》一文，薛定谔表示不能理解，于是经常与爱因斯坦通信进行讨论。可以说，爱因斯坦是薛定谔直接的领路人，正是爱因斯坦的这篇文章，引导了薛定谔的研究方向。爱因斯坦曾大力推荐德布罗意的论文，所以薛定谔就设法找到了一份德布罗意的论文来读，在深入研究之后，薛定谔萌发了用新观点来研究原子结构的想法，他决心立即把物质波的思想推广到描述原子现象。另外，著名化学物理学家德拜对薛定谔也有积极的影响。薛定谔曾在苏黎世工业大学的报告会上向与会者介绍德布罗意的工作，而作为会议主持人的德拜教授却指出，物质微粒虽然是波，但却没有波动方程。薛定谔明白这的确是个问题，也是一个机会，于是他立刻伸手抓住了这个机会，终于获得了成功。薛定谔认为德布罗意的工作"没有从普遍性上加以说明"，因此他试图寻求一个更普遍的规律，同时，他看到矩阵力学采用了十分抽象的艰深的超越代数，因而缺乏直观性时，他决定探索新的途径。刚开始时，薛定谔试图建立一个相对论性的运动方程，他经过紧张地研究，克服了许多数学上的困难，从相对论出发，终于在 1925 年得到了一个与在电磁场中运动的电子相联系的波的波动方程。但是他随即发现这个波动方程在计算氢原子的光谱时得出的结果却和实验值不符合，也无法得到氢原子谱线的精细结构。

（六）关于普朗克常数和狄拉克常数

普朗克常数（Planck constant）记为 h，是一个物理常数，用来描述所指量子大小。在量子力学中占有重要地位，马克斯·普朗克在 1900 年研究物体热辐射的规律时发现，只有假定电磁波的发射和吸收不是连续的，而是按份进行的，计算的结果才能和实验结果是相符。这样的一份能量叫作能量子，每一份能量子等于 $h\nu$，ν 为辐射电磁波的频率，h 为一个常量，当时叫作普朗克常数。在不确定性原理中，普朗克常数有重要地位，其公式为

粒子位置的不确定性×粒子速度的不确定性×粒子质量≥普朗克常数

普朗克常数的值约为

$$h = 6.6260693(11) \times 10^{(-34)} \text{J·s} \text{ 其中能量单位为焦（J）。}$$

若以电子伏特（eV）·秒（s）为能量单位，则为
$$h = 4.13566743(35) \times 10^{-15} \text{ eV} \cdot \text{s}$$

普朗克常数的物理单位为能量乘以时间，也可视为动量乘以位移量，牛顿（N）·米（m）·秒（s）为角动量单位。

由于计算角动量时要常用到 $h/2\pi$ 这个数，为避免反复写 2π 这个数，因此引用另一个常用的量，即约化普朗克常数（reduced Planck constant）。

为纪念保罗·狄拉克而命名，有时称为狄拉克常数（Dirac constant）。

注：$\hbar$ 的 h 上有一条横杠，约化普朗克常数 $\hbar = \dfrac{h}{2\pi}$，又称合理化普朗克常数，是角动量的最小衡量单位，其中 π 为圆周率常数。

普朗克常数用来描述量子化微观下的粒子，例如电子及光子，在一个确定的物理性质下具有一个连续范围内的可能数值。物理学家往往不使用频率的概念，而使用角速度 ω 来表示振荡的快慢。所谓角速度 ω 即为在单位时间内周期运动振荡的次数。

则
$$\omega = 2\pi\nu = 2\pi/T$$

那么，一个光子的能量就可表示为：$h\nu = \dfrac{h}{T} = \dfrac{h}{2\pi} = \dfrac{2\pi}{T} = \hbar\omega$

许多物理量可以量子化，普朗克就定义了五个最基本的度量宇宙单位，所有其他单位均可由这五个单位推导衍生出来，见表5-2。

1）普朗克长度：由光速常量、约化普朗克常数及万有引力常数确定，以此描述空间的结构。

2）普朗克时间：由光速常量及普朗克长度导出，以此描述时间与空间的关系。

3）普朗克质量：由光速常量、万有引力常数及约化普朗克常数导出，以此描述质量与能量密度、与引力的关系。

4）普朗克电荷：由光速常量、约化普朗克常数导出，以此描述电磁能量密度与电量的关系。

5）普朗克温度：由博茨曼常数、光速、约化普朗克常数及万有引力常数导出，以此描述能量密度、质量、时空与温度之间的关系。

表5-2　普朗克五个最基本的度量宇宙单位

名称	内容	公式表示	值（SI 单位）
普朗克长度	Length（L）	$l_P = \sqrt{\dfrac{\hbar G}{c^3}}$	1.616229（38）$\times 10^{-35}$ m

（续）

名称	内容	公式表示	值（SI 单位）
普朗克时间	Time（T）	$t_P = \dfrac{l_P}{C} = \dfrac{\hbar}{mPc^2} = \sqrt{\dfrac{\hbar G}{c^5}}$	5.39116（13）$\times 10^{-44}$ s
普朗克质量	Mass（M）	$m_P = \sqrt{\dfrac{\hbar c}{G}}$	2.176470（51）$\times 10^8$ kg
普朗克电荷	Electric charges（Q）	$q_P = \sqrt{4\pi\varepsilon_0 \hbar c} = \dfrac{e}{\sqrt{\alpha}}$	1.875545956（41）$\times 10^{-18}$ C
普朗克温度	Temperature（θ）	$T_P = \dfrac{mPc^2}{k_B} = \sqrt{\dfrac{\hbar c^2}{G k_B^2}}$	1.416833（85）$\times 10^{32}$ · K

而现代量子论是现代物理学的两大基石之一。量子论提供了新的关于自然界的观察、思考和表述方法，揭示了微观物质世界的基本规律，为原子物理学、固体物理学、核物理学、粒子物理学以及现代信息技术奠定了理论基础。它能很好地解释原子结构、原子光谱的规律性、化学元素的性质、光的吸收与辐射，粒子的无限可分和信息携带等。尤其它的开放性和不确定性，启发人类更多的发现和创造。

二、量子信息技术

量子信息技术是以分子、原子、原子核、基本粒子等微观粒子的量子态表示信息，并利用量子力学原理进行信息储存、传输和处理的技术。量子态是描述具有波粒二相性的微观粒子运动状态的函数。量子信息技术是量子物理学与信息技术相结合的新兴技术。目前，主要包括量子计算技术、量子通信技术和量子探测技术等。

（一）量子计算技术

（1）定义　基于量子力学原理，借助微观粒子量子态的叠加、纠缠和不确定性，以全新的方式进行编码、存储和计算的技术。

（2）特征　其核心特征是具有超强计算能力和储存能力。量子计算机是储存及处理量子信息、运行量子算法的物理装置，主要通过控制微观粒子产生的叠加态和纠缠态来记录和运算信息。其突出优点是能够实现量子并行计算，运算速度快；利用量子叠加效应，n 个量子比特可存储 $2n$ 个数据，储存能力强。量子计算还具有广阔的军事应用前景：

1）运用量子计算超强运算能力，可快速破译现有密码体系，对现有的以数字为基础的密钥体系形成整体颠覆，从而掌握信息主动权。

177

2）运用量子计算，可以对海量情报数据进行实时分析处理，大幅度提升作战评估与决策能力。

3）运用量子计算，可以有效解决高性能、大数据计算问题，加快复杂武器系统的设计和试验进程，缩短建模仿真时间，提升武器装备的研发效率。

（二）量子通信技术

（1）定义　利用量子力学原理和微观粒子的量子特性进行信息传输的通信技术。

（2）内容　主要包括量子密钥传输和量子隐形传态两种。

1）量子密钥传输，是利用微观粒子量子态不可复制的特点，解决经典通信系统中密钥传输的安全问题。在量子通信传输过程中，一旦中途遭到"窃听"，其量子态就会自动发生改变，从而可以实现理论上的绝对安全。

2）量子隐形传态，是以量子系统的量子态作为信息载体，利用量子纠缠效应，实现信息远程实时传输。

3）量子纠缠是指在微观世界里，有共同来源的两个微观粒子之间存在量子纠缠关系，不管它们距离多远，只要其中一个粒子状态发生变化，另一个粒子状态也会随即发生改变。量子隐形传态就是将由一个源产生的两个相互纠缠的量子分发到通信双方，其中一方对量子进行量子态测量，在该量子的量子态确定的同时，通信另一方的纠缠量子会实时产生感应，其量子态立刻变为被测量量子的量子态，从而实现信息远程实时传输。与传统的通信技术相比，量子通信技术具有安全、实时、高效等优点。

4）量子通信的优势：

① 超大信息容量；

② 超高通信速率；

③ 超远距离传输；

④ 工作机制为"一次一密"。

5）量子通信的应用。根据量子通信的特性，预计其在通信领域的应用，会从根本上解决国防、军事、国家安全、政务、金融、商业机密等领域的信息安全问题。

① 在军事应用方面，利用量子密钥传输进行保密通信，可大幅度提高信息传输的安全性，从而确保军事通信的保密性；

② 利用量子隐形传态，可大幅度提高复杂环境下的通信质量与效率，特别是水下通信的质量与效率，为深海远洋通信提供新的技术途径；

③ 有助于构建安全、实时、高效的远距离军事信息网。

（三）量子探测技术

量子探测技术是利用量子纠缠和相干叠加特性，对物体进行测量或成像的技术，主要包括量子成像技术、量子雷达技术和量子传感技术等。

1）量子成像技术是利用量子光场实现超高分辨率成像；

2）量子雷达技术是基于量子纠缠理论，将量子信息调制到雷达信号中，从而实现目标探测；

3）量子传感技术是利用量子信号对环境变化的极高敏感度来提高测量精度。

量子探测技术还很不成熟，但其具有重要的军事应用价值，将对未来作战模式产生深远影响，真正实现全天候、反隐身、抗干扰作战。未来，量子信息技术将不断突破各种瓶颈技术和障碍，逐步走向成熟，在指挥控制、情报侦察、军事通信等军事领域将具有广泛的应用前景。

第二节　量子计算机的工作原理

一、量子计算机工作原理

工作原理与普通的数字计算机有所不同，普通的数字计算机在 0 和 1 的二进制系统上运行，称为比特（bit）。但量子计算机要远远更为强大，它们可以在量子比特上运算，可以计算 0 和 1 之间的数值。假想一个放置在磁场中的原子，它像陀螺一样旋转，于是它的旋转轴不是向上指就是向下指。常识告诉我们，原子的旋转可能向上也可能向下，但不可能同时进行。但在量子的奇异世界中，原子被描述为两种状态的总和，即一个向上转的原子和一个向下转的原子的总和。在量子的奇妙世界中，每一种物体都使用所有不可思议状态的总和来描述。

想象一串原子排列在一个磁场中，以相同的方式旋转。如果一束激光照射在这串原子上方，则激光束会跃下这组原子，迅速翻转一些原子的旋转轴。通过测量进入和离开的激光束的差异，便可以完成一次复杂的量子计算，涉及了许多自旋的快速移动。

从数学抽象上看，量子计算机执行以集合为基本运算单元的计算，普通计算机执行以元素为基本运算单元的计算（如果集合中只有一个元素，则量子计算与经典计算没有区别）。

以函数 $y=f(x)$，$x \in A$ 为例，量子计算的输入参数是定义域 A，一步到位得到输出值域 B，即 $B=f(A)$；经典计算的输入参数是 x，得到输出值 y，要多次计算才能得到值域 B，即 $y=f(x)$，$x \in A$，$y \in B$。

量子计算机有一个亟待解决的问题，即输出值域 B 只能随机取出一个有效值 y。虽然通过将不希望的输出导向空集的方法，已使输出集 B 中的元素远少于输入集 A 中的元素，但当需要取出全部有效值时仍需要多次计算。

二、理论背景及算法理论

(一) 理论背景

1. 量子理论

量子论的一些基本论点显得并不"玄乎"，但它的推论显得很"玄"。我们假设一个量子距离，也就是最小距离的两个端点 A 和 B，按照量子论，物体从 A 不经过 A 和 B 中的任何一个点就能直接到达 B。换句话说，物体在 A 点突然消失，与此同时在 B 点出现。而在现实的宏观世界无法找到一个这样的例子，量子论把人们在宏观世界里建立起来的许多常识和直觉推翻了。

薛定谔之猫是关于量子理论的一个理想实验，实验内容是：一只猫被封在一个密室里，密室里有食物，也有毒药。毒药瓶上有一个锤子，锤子由一个电子开关控制，电子开关由放射性原子控制。如果原子核衰变，则放出 α 粒子，触动电子开关，锤子落下，砸碎毒药瓶，释放出里面的氰化物气体，猫必死无疑。这个装置由奥地利物理学家埃尔温·薛定谔所设计，所以此猫便叫作薛定谔猫。量子理论认为，如果没有揭开盖子进行观察，我们永远也不知道猫是死还是活，它将永远处于非死非活的叠加态，这与我们的日常经验严重相违。

瑞典皇家科学院 2012 年 10 月 9 日宣布，将 2012 年诺贝尔物理学奖授予法国物理学家塞尔日·阿罗什和美国物理学家戴维·瓦恩兰，以表彰他们在量子物理学方面的卓越研究，因为这两位物理学家用突破性的实验方法，使单个粒子动态系统可被测量和操作。他们独立发明并优化了测量与操作单个粒子的实验方法，而实验中还能保持单个粒子的量子物理性质，这一物理学研究的突破在之前是不可想象的。

2. 模拟系统

20 世纪 60 ~ 70 年代，人们发现能耗会导致计算机中的芯片发热，极大地影响了芯片的集成度，从而限制了计算机的运行速度。研究发现，能耗来源于计算过程中的不可逆操作。所有经典计算机都可以找到一种对应的可逆计算机，而且不影响运算能力。既然计算机中的每一步操作都可以改造为可逆操作，那么在量子力学中，它就可以用一个幺正变换（unitary transformation）来表示。

幺正矩阵表示的就是厄米共轭矩阵等于逆矩阵。对于实矩阵，厄米共轭就是转置，所以实正交表示就是转置矩阵等于逆矩阵。实正交表示是幺正表示的特例。早期的量子计算机实际上是用量子力学语言描述的经典计算机，并没有用到量子力学的本质特性，如量子态的叠加性和相干性。如果一个 n 阶方阵，它的行向量或列向量构成一组标准正交基，那么这个矩阵就是幺正矩阵；如果一个矩阵 U 的逆等于矩阵 U 的复共轭转置矩阵（即厄米共轭矩阵），那么 U 就称作幺正矩阵。上述两个定义是等价的，在线性代数中通常用到前一个定义。

在经典计算机中，基本信息单位为比特，运算对象是各种比特序列。与此类似，在量子计算机中，基本信息单位是量子比特，运算对象是量子比特序列。所不同的是，量子比特序列不但可以处于各种正交态的叠加态上，而且还可以处于纠缠态上。这些特殊的量子态，不仅提供了量子并行计算的可能，而且还将带来许多奇妙的性质。与经典计算机不同，量子计算机可以做任意的幺正变换，在得到输出态后，进行测量并得出计算结果。因此，量子计算对经典计算做了极大的扩充，在数学形式上，经典计算可看作是一类特殊的量子计算。量子计算机对每一个叠加分量进行变换，所有这些变换同时完成，并按一定的概率幅叠加起来，给出结果，这种计算称作量子并行计算。除了进行并行计算外，量子计算机的另一重要用途是模拟量子系统，这项工作是经典计算机无法胜任的。

量子态就是量子状态，即微观粒子可能具有的状态，也就是能量状态。原子中的电子具有能级状态，也可以说这些电子的能量是量子化的，电子只可能具有某条能级所对应的能量。晶体的电子具有能带状态，即这些电子的能量也是量子化的，但电子只可能具有某个能带中的某条能级所对应的能量。好比在一个教室中有许多座位，某个学生可以去占据某个座位，某个座位也可以空着。这里的座位就相当于量子态，学生就相当于微观粒子。

光场量子态性质，光场量子态包括增减光子平移 Fock 态、单光子增压缩真空态和 Fock 态及其叠加态。根据二阶关联函数、Q 因子、压缩效应和 Wigner 函数理论显示，光场量子为非经典光量子态，具有非经典性质，如反聚束效应、亚松泊分布、压缩效应和负的 Wigner 函数等性质。

（二）算法理论

1. 经典算法

量子计算机在 20 世纪 80 年代多处于理论推导状态。1994 年贝尔实验室的彼得·秀尔（Peter Shor）提出量子质因子分解算法后，因其对于通行于银行及网络等的 RSA 加密算法可以破解而构成威胁之后，量子计算机变成了热门的话题，除了理论之外，也有不少学者着力于利用各种量子系统来实现量子计算机。

半导体靠控制集成电路来记录及运算信息，量子计算机则希望控制原子或小分子的状态，记录和运算信息。同一年，彼得·秀尔还证明了量子计算机能做出离散对数运算，而且速度远胜传统计算机。因为量子不像半导体只能记录 0 与 1，它可以同时表示多种状态。如果把半导体比成单一乐器，那么量子计算机就像交响乐团，一次运算可以处理多种不同状况，因此，一个 40bit 的量子计算机，就能在很短时间内解开 1024 位计算机需要耗费数十年解决的问题。

2. 通用计算

量子计算机，顾名思义，就是实现量子计算的机器，是一种使用量子逻辑进行通用计算的设备。不同于电子计算机（或称传统电脑），量子计算用来储存数据的对象是量子比特，它使用量子算法来进行数据操作。

量子信息学中，基本单位是量子比特或称为量子位，量子位是一个双态量子系统，这里的双态指的是两个线性独立态。也就是说，在量子信息理论中，量子信息的基本单位是量子比特（qubit），称为量子位。一个 qubit 是一个双态量子系统（如光子的偏振态或电子的自旋态等），即一个 qubit 就是一个二维希尔伯特空间，即描述态矢的抽象空间，由于光子的偏振态以及电子的自旋态都只有两个正交取向，即相当于相互垂直的两个坐标轴，所以是二维。量子位数就是双态量子系统的个数。如果采用光子的偏振态，那么有几个光子，就有几个量子位数，电子同理。

2012 年 10 月物理学家组织网报道称，基于硅材料内的单个原子制成了首个可工作的量子位。利用电子自旋读取和写入信息。所用电子将被绑定在嵌入硅晶体管的单个磷原子上，而借助微波场能实现对于该电子的控制。这是首次证明能够基于电子自旋处理和代表数据并形成量子位，而其正是量子计算机中信息的基本单位。这一成果具有里程碑式的意义，为以后研发超强大的量子计算机铺平了道路。

要说清楚量子计算，首先来看经典计算机。经典计算机从物理上可以被描述为对输入信号序列按一定算法进行变换的机器，其算法由计算机的内部逻辑电路来实现。

1）其输入态和输出态都是经典信号，用量子力学的语言来描述，即是其输入态和输出态都是某一力学量的本征态。如输入二进制序列 0110110，用量子记号，即为 | 0110110 >，所有的输入态均相互正交。对经典计算机不可能输入以下叠加态：C1 | 0110110 > + C2 | 1001001 >。

2）经典计算机内部的每一步变换都演化为正交态，而一般的量子变换没有这个性质，因此，经典计算机中的变换（或计算）只对应一类特殊集。

相应于经典计算机的以上两个限制，量子计算机分别做了扩展。量子计算机的输入用一个具有有限能级的量子系统来描述，如二能级系统（称为量子比特），量子计算机的变换（即量子计算）包括所有可能的幺正变换。

3）量子计算机的输入态和输出态为一般的叠加态，其相互之间通常不正交。

4）量子计算机中的变换为所有可能的幺正变换。得出输出态之后，量子计算机对输出态进行一定的测量，给出计算结果。

3. 承载 16 个量子位的硅芯片

由此可见，量子计算对经典计算做了极大的扩充，经典计算是一类特殊的量子计算。量子计算最本质的特征为量子叠加性和量子相干性。量子计算机对每一个叠加分量实现的变换相当于一种经典计算，所有这些经典计算同时完成，量子并行计算。

无论是量子并行计算还是量子模拟计算，本质上都是利用了量子相干性。遗憾的是，在实际系统中量子相干性很难保持。在量子计算机中，量子比特不是一个孤立的系统，它会与外部环境发生相互作用，导致量子相干性的衰减，即消相干（也称退相干）。因此，要使量子计算成为现实，一个核心问题就是克服消相干，而量子编码是迄今发现的克服消相干最有效的方法。主要的几种量子编码方案是量子纠错码、量子避错码和量子防错码。量子纠错码是经典纠错码的类比，是目前研究最多的一类编码，其优点为适用范围广，缺点是效率不高。

正如大多数人所了解的，量子计算机在密码破解上有着巨大潜力。当今主流的非对称（公钥）加密算法，如 RSA 加密算法，大多数都是基于于大整数的因式分解或者有限域上的离散指数的计算这两个数学难题。他们的破解难度也就依赖于解决这些问题的效率。传统计算机上，要求解这两个数学难题，花费时间为指数时间（即破解时间随着公钥长度的增长以指数级增长），这在实际应用中是无法接受的。而为量子计算机量身定做的秀尔算法可以在多项式时间内（即破解时间随着公钥长度的增长以 k 次方的速度增长，其中 k 为与公钥长度无关的常数）进行整数因式分解或者离散对数计算，从而为 RSA、离散对数加密算法的破解提供可能。但其他不是基于这两个数学问题的公钥加密算法，比如椭圆曲线加密算法，量子计算机还无法进行有效破解。

针对对称（私钥）加密，如 AES 加密算法，只能进行暴力破解，而传统计算机的破解时间为指数时间，更准确地说，其为密钥的长度。而量子计算机可以利用 Grover 算法进行更优化的暴力破解，也就是说，量子计算机暴力破解AES – 256 加密的效率跟传统计算机暴力破解 AES – 128 是一样的。

更广泛而言，Grover 算法是一种量子数据库搜索算法，相比传统的算法，要达到同样的效果，它的请求次数要少得多。对称加密算法的暴力破解仅仅是 Grover 算法的其中一个应用。

在利用 EPR 对进行量子通信的实验中科学家发现，只有拥有 EPR 对的双方才可能完成量子信息的传递，任何第三方的窃听者都无法获得完全的量子信息，正所谓解铃还须系铃人，这样实现的量子通讯才是真正不会被破解的保密通讯。

此外量子计算机还可以用来做量子系统的模拟，人们一旦有了量子模拟计算机，就无需求解薛定谔方程或者采用蒙特卡罗方法在经典计算机上做数值计算，便可精确地研究量子体系的特征。

三、研究历程及意义

（一）研发历程

国际上首款量子计算机诞生于 1969 年，史蒂芬·威斯纳最早提出"基于量子力学的计算设备"。而关于"基于量子力学的信息处理"的文章则分别由亚历山大·豪勒夫（1973 年）、帕帕拉维斯基（1975 年）、罗马·印戈登（1976 年）和尤里·马尼（1980 年）发表。史蒂芬·威斯纳的文章发表于 1983 年。20 世纪 80 年代，一系列的研究使得量子计算机的理论变得丰富起来。

1981 年，量子计算这一概念是物理学家费曼引入的，随着当前半导体的小型化遇到极限，当芯片的电路元器件尺寸缩小到纳米级时，量子力学效应会终结当前的摩尔定律。

1982 年，理查德·费曼在一个著名的演讲中提出利用量子体系实现通用计算的想法。理查德·费曼当时就想到如果用量子系统所构成的计算机来模拟量子现象，则运算时间可大幅度减少，从而量子计算机的概念诞生。

1985 年大卫·杜斯提出了量子图灵机模型 。

1994 年彼得·秀尔提出量子质因子分解算法。

1994 年彼得·秀尔证明量子计算机能完成对数运算，而且速度远胜传统计算机。

2018 年 12 月 6 日，首款国产量子计算机控制系统 OriginQ Quantum AIO 在合肥诞生，该系统由本源量子开发。

（二）研发状况

1. 研发趋势

用原子实现的量子计算机只有 5 个量子比特，放在一个试管中而且配备有庞大的外围设备，只能做 $1 + 1 = 2$ 的简单运算，正如 Bennett 教授所说，"现在的量子计算机只是一个玩具，真正做到有实用价值的也许是 5 年、10 年，甚至是 50 年以后"，我国量子信息专家中国科技大学的郭光灿教授则宣称，他领导的实验室将在 5 年之内研制出实用化的量子密码来服务于社会。科学技术的发展过程充满了偶然和未知，就算是物理学泰斗爱因斯坦也决不会想到，为了批判量子力学而用他的聪明大脑假想出来的 EPR 态，在 60 多年后不仅被证明是存在的，而且还被用来做量子计算机。在量子的状态下不需要任何计算过程，计算时间，量子进行空间跳跃，可以说量子芯片是终极的芯片。

2. 国外研发状况

1920 年，奥地利人埃尔温·薛定谔、爱因斯坦、德国人海森伯格和狄拉克，共同创建了一个前所未有的新学科，即量子力学。量子力学的诞生为人类未来的第四次工业革命打下了基础，在它的基础上人们发现了一个新的技术，就是量子计算机。

量子计算机的技术概念最早由理查德·费曼提出，后经过很多年的研究，这一技术已初步见成效。

美国的洛斯阿拉莫斯和麻省理工学院、IBM、和斯坦福大学、武汉物理教学所、清华大学4个研究组已实现7个量子比特量子算法演示。

2001年，科学家在具有15个量子位的核磁共振量子计算机上成功利用秀尔算法对15进行因式分解。

2005年，美国密歇根大学的科学家使用半导体芯片实现离子囚笼（ion trap）。

2007年2月，加拿大D-Wave系统公司宣布研制成功16位量子比特的超导量子计算机，但其作用仅限于解决一些最优化问题，与科学界公认的能运行各种量子算法的量子计算机仍有较大区别。

2009年，耶鲁大学的科学家制造了首个固态量子处理器。

2009年11月15日，世界首台可编程的通用量子计算机正式在美国诞生。同年，英国布里斯托尔大学的科学家研制出基于量子光学的量子计算机芯片，可运行秀尔算法。

2010年3月31日，德国于利希研究中心发表公报：德国超级计算机成功模拟42位量子计算机，该中心的超级计算机JUGENE成功模拟了42位的量子计算机，在此基础上研究人员首次能够仔细地研究高位数量子计算机系统的特性。

2011年4月，一个成员来自澳大利亚和日本的科研团队在量子通信方面取得突破，实现了量子信息的完整传输。2011年5月11日，加拿大的D-Wave System Inc. 发布了一款号称"全球第一款商用型量子计算机"的计算设备"D-Wave One"。该量子设备是否真的实现了量子计算还没有得到学术界广泛认同。同年9月，科学家证明量子计算机可以用冯·诺依曼架构来实现。同年11月，科学家使用4个量子位成功对143进行因式分解。

2012年2月，IBM声称在超导集成电路实现的量子计算方面取得数项突破性进展。同年4月，一个多国合作的科研团队研发出基于金刚石的具有两个量子位的量子计算机，可运行Grover算法，在95%的数据库搜索测试中，一次搜索即得到正确答案。该研究成果为小体积、室温下可正常工作的量子计算机的实现提供可能。同年9月，一个澳大利亚的科研团队实现基于单个硅原子的量子位，为量子储存器的制造提供了基础。同年11月，首次观察到宏观物体中的量子跃迁现象。

2013年5月D-Wave System Inc宣称NASA和Google共同预定了一台采用512量子位的D-Wave Two量子计算机。

2017年12月，德国康斯坦茨大学与美国普林斯顿大学及马里兰大学的物理学家合作，开发出了一种基于硅双量子位系统的稳定的量子门。量子门作为量子计算机的基本元素，能够执行量子计算机所有必要的基本操作。

3. 我国的技术突破和成果

2013年6月8日，由中国科学技术大学潘建伟院士领衔的量子光学和量子信息团队首次成功实现了用量子计算机求解线性方程组的实验。相关成果发表在 2013 年 6 月 7 日出版的《物理评论快报》上，审稿人评价"实验工作新颖而且重要"，认为"这个算法是量子信息技术最有前途的应用之一"。据介绍，线性方程组广泛应用于几乎每一个科学和工程领域。日常的气象预报就需要建立并求解包含百万变量的线性方程组，来实现对大气中温度、气压、湿度等物理参数的模拟和预测。而高准确度的气象预报则需要求解具有海量数据的方程组，假使求解一个亿亿亿级变量的方程组，即便是用现在世界上最快的超级计算机也至少需要几百年。美国麻省理工学院教授塞斯·罗伊德等提出了用于求解线性方程组的量子算法，利用 GHz 时钟频率的量子计算机将只需要 10s。该研究团队发展了世界领先的多光子纠缠操控技术，实验的成功标志着我国在光学量子计算领域保持着国际领先地位。

2017 年 5 月 3 日，中国科学技术大学潘建伟教授宣布，在光学体系中，研究团队在 2016 年首次实现十光子纠缠操纵的基础上，利用高品质量子点单光子源构建了世界首台超越早期经典计算机的单光子量子计算机。

2018 年 12 月 6 日，首款国产量子计算机控制系统 OriginQ Quantum AIO 在合肥诞生，该系统由本源量子开发。

存放着机密文件的保险箱被放入一个特殊装置之后，可以突然消失，并且同一瞬间出现在相距遥远的另一个特定装置中，被人方便地取出。记者从中国科学技术大学获悉，日前，由中国科大和清华大学组成的联合小组在量子态隐形传输技术上取得的新突破，可能使这种以往只能出现在科幻电影中的"超时空穿越"神奇场景变为现实。据联合小组研究成员彭承志教授介绍，作为未来量子通信网络的核心要素，量子态隐形传输是一种全新的通信方式，它传输的不再是经典信息，而是量子态携带的量子信息。

在经典状态下，一个个独立的光子各自携带信息，通过发送和接收装置进行信息传递。但是在量子状态下，两个纠缠的光子互为一组，互相关联，并且可以在一个地方神秘消失，不需要任何载体的携带，又在另一个地方瞬间神秘出现。量子态隐形传输利用的就是量子的这种特性，首先把一对携带着信息的纠缠的光子进行拆分，将其中一个光子发送到特定位置，这时，两地之间只需要知道其中一个光子的即时状态，就能准确推测另外一个光子的状态，从而实现类似超时空穿越的通信方式。

据介绍，量子态隐形传输一直是学术界和公众的关注焦点。1997 年，奥地利蔡林格小组在室内首次完成了量子态隐形传输的原理性实验验证。2004 年，该小组利用多瑙河底的光纤信道，成功地将量子"超时空穿越"距离提高到 600m。但由于光纤信道中的损耗和环境的干扰，量子态隐形传输的距离难以大幅度提高。

2004 年，中国科大潘建伟、彭承志等研究人员开始探索在自由空间实现更远距离的量子通信。在自由空间，环境对光量子态的干扰效应极小，而光子一旦穿透大气层进入外层空间，其损耗更是接近于零，这使得自由空间信道比光纤信道在远距离传输方面更具优势。

据悉，该小组早在 2005 年就在合肥创造了 13km 的自由空间双向量子纠缠拆分、发送的世界纪录，同时验证了在外层空间与地球之间分发纠缠光子的可行性。2007 年开始，中国科大 - 清华大学联合研究小组在北京架设了长达 16km 的自由空间量子信道，并取得了一系列关键技术突破，最终在 2009 年成功实现了世界上最远距离的量子态隐形传输，证实了量子态隐形传输穿越大气层的可行性，为未来基于卫星中继的全球化量子通信网奠定了可靠基础。

据悉，该成果已经发表在 6 月 1 日出版的英国《自然》杂志子刊《自然光子学》上，并引起了国际学术界的广泛关注。

（三）研究意义

迄今为止，世界上还没有真正意义上的量子计算机。但是，世界各地的许多实验室正在以巨大的热情追寻这个梦想。如何实现量子计算，方案并不少，问题是在实验中实现对微观量子态的操纵确实太困难了。已经提出的方案主要利用了原子和光腔相互作用、冷阱束缚离子、电子或核自旋共振、量子点操纵、超导量子干涉等。很难说哪一种方案更有前景，只是量子点方案和超导约瑟夫森结方案更适合集成化和小型化。将来也许现有的方案都派不上用场，最后脱颖而出的是一种全新的设计，而这种新设计又是以某种新材料为基础，就像半导体材料对于电子计算机一样。研究量子计算机的目的不是要用它来取代现有的计算机，量子计算机使计算的概念焕然一新，这是量子计算机与其他计算机如光计算机和生物计算机等的不同之处。量子计算机的作用远不止是解决一些经典计算机无法解决的问题。

未来计算机类型除了量子计算机外，还包括激光计算机、分子计算机、DNA 计算机和生物计算机等。

四、应用领域

1. 可能的应用领域

量子计算主要应用于复杂的大规模数据处理与计算难题，以及基于量子加密的网络安全服务。基于自身在计算方面的优势，在金融、医药、人工智能等领域，量子计算都有着广阔的市场。

2. 商用量子计算机的问世

2007 年，加拿大计算机公司 D - Wave 展示了全球首台量子计算机"Orion（猎户座）"，它利用了量子退火效应来实现量子计算。该公司此后在 2011 年推出具有 128 个量子位的 D – Wave One 型量子计算机，并在 2013 年宣称 NASA 与谷歌公司共同预定了一台具有 512 个量子位的 D – Wave Two 量子计算机。

3. NSA 的加密破解计划

2014 年 1 月 3 日，美国国家安全局（NSA）正在研发一款用于破解加密技术的量子计算机，投入 4.8 亿进行"渗透硬目标"，希望破解几乎所有类型的加密技术。

4. 编程通用量子计算机的诞生

2009 年 11 月 15 日，世界首台可编程的通用量子计算机正式在美国诞生。不过根据初步的测试程序显示，该计算机还存在部分难题，需要进一步解决和改善。科学家们认为，可编程量子计算机距离实际应用已为期不远。

5. 单原子量子信息存储的实现

2013 年 5 月，德国马克斯普朗克量子光学研究所的科学家格哈德·瑞普领导的科研小组首次成功地实现了用单原子储存量子信息，即将单个光子的量子状态写入一个铷原子中，经过 $180\mu s$ 后将其读出。最新突破有望助力科学家设计出功能强大的量子计算机，并让其远距离联网构建"量子网络"。

6. 线性方程组量子算法的实现

2013 年 6 月 8 日，由中国科学技术大学潘建伟院士领衔的量子光学和量子信息团队的陆朝阳、刘乃乐研究小组，成功实现了用量子计算机求解线性方程组的实验。该研究成果发表在 6 月 7 日出版的《物理评论快报》上。

7. 金刚石建成首台量子计算机

2015 年 12 月，中国科技大学研究小组建立了一个新的系统，这个系统可以使用相应的方式退出体系结构。比起普通二进制计算机，这一系统能够进行更为大量的计算。通常，这种系统都需要带有气候检测的特别装备实验室，而这一新模型却在普通的房屋内也能够安全存放。其量子计算能够在普通室温的条件下工作，这是借助于金刚石中少量的氮来完成的。

2019 年 1 月 10 日，IBM 宣布推出世界上第一台商用的集成量子计算系统：IBM Q System One。这台 20 量子比特的系统集成在一个棱长为 9ft（约 2.74m）的立方体玻璃盒中，作为一台能独立工作的一体机展出。当然，作为一台一体机，IBM Q System 的体积也相当大，但它包含了启动一个量子计算实验所需的所有东西，包括冷却量子计算硬件所需的所有设备。IBM Q System One 使通用近似超导量子计算机的使用首次超出了研究实验室的范围，它能操纵 20 个量子比特，虽然量子比特的数量不及业界此前发布的一些设备，但它具有表现稳定、结构紧凑等特性，实用性大为增强。IBM 称，这是一款可商用的量子计算机。

五、深度探究——量子态与量子计算机

电子做稳恒的运动，具有完全确定的能量。这种稳恒的运动状态称为量子态（quantum state）。量子态是由一组量子数表征的，这组量子数的数目等于粒子的自由度数。

本部分将介绍量子态的理论、理论方法和我国在量子态方面的研究成果。

量子态，即一组量子表征，用来表示量子力学某一粒子的运动状态。

1. 量子传输

听起来，这并不像是一个复杂的实验，位于北京八达岭长城脚下的送信者，要向站在河北省张家口市怀来县的收信者发出一段信息。这段距离仅有 16km，在晴朗的白天，他们彼此甚至目力可及。只是，这并不是一封信、手机短信或电子邮件，而是好像"时钟指针"一样表示着量子运动状态的量子态。

这已经是量子态目前在世界上跑出的最长距离。2010 年 6 月 1 日，世界顶级科学刊物《自然》杂志的子刊《自然·光子学》以封面论文的形式刊登了这项成果：一个量子态在八达岭消失后，在并没有经过任何载体的情况下，瞬间出现在了 16km 以外。实验的名称叫作自由空间量子隐形传态，由中国科学技术大学与清华大学组成的联合小组共同完成。美国国际科技信息网站盛赞，这一成果代表着量子通信应用的巨大飞跃。其主要应用领域，现在思考有以下几个方向。

189

2. 量子通信应用

这确实是一个难以令人理解的研究领域，面对怀有巨大好奇心的公众，研究者不禁感到苦恼，"想要给大家都讲明白实在是一件痛苦的事"。

早在 3 年前，中科大前校长朱清时院士形容负责组建联合小组的中科大教授潘建伟在量子通信领域的工作是"对于一般人来说是难以理解的，不然会感到更强的震撼力"。

一切还要从量子说起，量子是不可分的最小能量单位，光量子就是光的最小单位。

在奇特的量子世界里，量子存在一种奇妙的"纠缠"运动状态。中科大量子信息实验室教授彭承志愿意将一对纠缠状态下的光子比作有着"心电感应"的两个粒子。再用个更贴切的比喻，纠缠光子就好像一对"心有灵犀"的骰子，甲乙两人身处两地，分别各拿其中一个骰子，甲随意掷一下骰子是 5 点，与此同时，乙手中的骰子会自动翻转到 5 点。

事实上，乙甚至根本不需要知道也不能查看自己手中究竟握着几点。因为在物理学上，每一次对纠缠光子的测量都会破坏原有的状态，"就像冰淇淋，你必须尝一口才知道它的味道。但当你尝了一口时，冰淇淋就已经发生改变。"一个专业人士这样解释。

因此，甲只需要通过电话、短信等渠道告诉乙，自己刚刚掷出了 5 点。乙即便不用摊开手掌，也可以知道自己手边这个"心电感应"的骰子也成了 5 点。

这听起来就像一场魔术表演，只是甲和乙之间传送的是类似"转成 5 点"之类的信息，而不是实物。

3. 隐形传输距离

这段 16km 的旅程创造了新的世界纪录，这是目前世界上量子态在自由空间中所能隐形传输的最远距离。

事实上，在量子态隐形传输经历的漫长旅程中，每一点距离的进步都可以被视为一座里程碑。1997 年年底，位于奥地利的蔡林格研究小组首次在实验平台上几米的距离内成功地进行了这一实验。

虽然当时的传输距离仅有数米，但美国《科学》杂志却将其列为该年度全球十大科技进展。《科学》杂志的评语是："尽管想要看到《星际旅行》中'发送我吧'这样的场景还得等上一些年，但量子态隐形传输这项发现，预示着我们将进入由具有不可思议的能力的量子计算机发展而带来的新时代。"

1999 年，奥地利蔡林格研究小组的论文又与伦琴发现 X 射线、爱因斯坦建立相对论等重大研究成果一起，被英国《自然》杂志选为"百年物理学 21 篇经典论文"。当时 26 岁的年轻人潘建伟正在奥地利维也纳大学跟着蔡林格教授学习量子技术，他的名字也在小组名单中。

不过接下来，发展并不算顺利。直到 2004 年，蔡林格小组才利用多瑙河底的光纤信道，将量子隐形传态距离提高到 600m。

这次中国的实验在技术上有了重大创新，光子在传播过程中会因偏振而引起变化，联合小组的科学家们对此进行了正反馈，即用简单的光学器械控制住光子的偏振态，使这次实验的保真度最终达到了 89%。也就是说，"尽管不能正确无误地发送每一个码，但信息是可以传送的"。

"如果地点允许，我们本来希望能达到 20km。"联合小组成员、清华大学物理系副研究员蒋硕在接受记者采访时说。

随着高度增加，空气也会变得更加稀薄。所以，地表 10km 的空气密度，基本相当于从地球到外层空间几十千米距离的空气密度。"20km 的传送距离，就表明光子可以在地表与外层空间卫星间打一个来回。"这也就意味着量子信息可以通过卫星在不同地区，甚至国家间传递。

野外实验时无法保证结果同实验室里一样理想而精确。最终，因为位置便利，研究者们将"秘密基地"分别设在八达岭长城脚下与河北怀来的两家小旅馆，地理距离 16km。

为了用激光为量子态传输打出一个光链路，他们的实验大多在夜晚进行，光链路是为了帮助随后分发的光量子"探路"。

"尽管我们只传送了 16km，但这在科学上证明了量子信息的远距离传输是可行的，也意味着量子信息通过卫星进行传递有可能实现。"蒋硕说。

4. 量子计算机及可能的广泛应用

这些站在科学领域最前沿的中国物理学家明白，进行量子通信研究，除了能够实现隐形传态这种奇妙的物理现象以外，还能够实现更重要的使命，那就是防御一种"还未出现的威胁"。

威胁来自尚未被成功发明的量子计算机。早在 20 世纪，科学家们就已经开始设想，用量子系统构成的计算机来模拟量子现象，从而大幅度减少运算时间。如果将未来的量子计算机比作大学教授，今天所谓超级计算机的能力甚至还比不上刚上幼儿园的小班儿童。

你可以想象这样一个惊人的对比，现在对一个 500 位的阿拉伯数字进行因子分解，目前最快的超级计算机将耗时上百亿年，而量子计算机却只需大约几分钟。

"一旦有人发明出量子计算机，那他就可以攻破所有的密码。"蒋硕指出了这个可怕的威胁。事实上，现在通用的加密方式并非如想象般安全，它们都有破译的方法，只不过由于现有计算机运行能力的限制，破译一个密钥可能要耗费上万年，甚至上百万年。

如果量子计算机出现，那我们目前自以为安全的一切将不堪一击。那将是一个超级神偷，可以偷走现代文明中人们赖以生存的一切比如银行存款、网络信息。它也足够冲破军事或安全系统，调转导弹的轨道，令整个国家陷入混乱与灾难。因此，没有人敢懈怠，"这并不是一项杞人忧天的研究。所有的防御必须出现在进攻之前。"美国科学家的预言就像一个倒计时牌，"量子计算机可能将在 50 年之后出现。"

因此，"只有采用量子信息才是安全的，必须占据先机。"这样一切"窃听手段"将失去原有的意义。当然，眼下这只是一场看不见对手的战争。"如果没有量子计算机这支矛，量子信息这面盾就发挥不出作用"蒋硕说。他同时也认为，"即便技术成熟，但如果量子计算机没有出现，那么并没必要进行大规模的产业换代"。

然而，这篇论文发表后，蜂拥而至的报道和议论却让科学家们发现，公众似乎误解了自由空间量子隐形传态的真正意义，"很多人都认为，这个实验的成功代表着超时空穿越可能实现。"

显然，能够传递一组信息并不意味着已经可以传递实物。"我们对世界的了解仍然不够透彻"一位研究者说。科学家们现在还不知道应该如何通过隐形传输的方式传送实物，"我们曾经以为世界上最小的是原子，可是后来发现原来里面还有质子和中子。然而，没有人知道质子和中子是否还能被继续拆分。更何况想要传送一个生命体，又该如何处理他复杂的脑电波活动呢？"

　　"目前我们实现的仅仅是单光子量子态的隐形传输，在未来有可能实现复杂量子系统的量子态隐形传输，但距离宏观物体的量子态隐形传输还具有非常遥远的距离"彭承志说。

　　也许，正是"非常遥远的距离"带给了人们遐想。毕竟，曾经实验台上量子态只能前行几米，而今它已经可以穿越16km，将来它还可能在星球之间传递。

　　"科技发展的速度有多快谁能知道呢？"一位参加这项研究的科学家说，"就好像打算盘时的人们永远想不到，在不久的将来，人类发明出了每秒运行几千亿次的电子计算机。"

附　录

附录A　名词术语及解释

1. 通信技术（communication technology）

通信技术是指将信息从一个地点传送到另一个地点所采取的方法和措施。

2. 通信协议（communicating protocol）

通常将通信协议称为"数据传输标准"。通用的 56kbit/s 数据传输标准就是 ITU 指定的 V.90 协议，它允许调制解调器能够在标准的电话交换网上实现 56kbit/s 的数据传输率。Modem 的协议，都是装载在 BIOS 中的，所以通过刷新 BIOS 中的内容能实现有限的升级。

3. 纠错压缩协议（error correction compression protocol）

在网络通信时，数据是以数据包的形式发送的，因为信号衰减以及线路质量欠佳，或者受到干扰等问题，经常会有传输中数据包丢失或受损的现象。纠错协议的作用就是侦测收到的数据包是否有错误，一旦发现错误，纠错协议将努力重新获得正确的数据包或通过算法来尝试修复受损的数据包。常见的纠错协议有 V.42 和 MNP 系列。V.42 是 ITU-T（国际通讯联盟）推出的纠错协议，它的作用是一旦发送端发送的数据包丢失，接收方能立即要求对方重新发送该数据包。MNP 则是微软公司提出的一系列协议，分 MNP1~10 一共 10 个级别，级别越高功能就越强，并且能够向下兼容，MNP 的作用是一旦 V.42 未能完成申请出错数据包重新发送的任务，它将尝试纠错。这两种纠错协议都是 Modem 普遍支持的，V.42 协议还另外负担数据压缩的任务。

4. AT 命令（AT commands）

AT 命令是由 Hayes 公司发明，已成为事实上的标准并被所有调制解调器制造商采用的一个调制解调器命令语言。每条命令以字母"AT"开头，因而得名。AT 后跟字母和数字表明具体的功能，例如"ATDT"是拨号命令，其他命令有"初始化调制解调器""控制扬声器音量""规定调制解调器启动应答的振铃次数""选择错误校正的格式"等，不同牌号调制解调器的 AT 命令并不完全相同，请仔细阅读 MODEM 用户手册，以便正确使用 AT 命令。

5. 波特率 （baud rate）

模拟线路信号的速度，也称调制速度，以波形每秒的振荡数来衡量。如果数据不压缩，那么波特率等于每秒传输的数据位数，如果数据进行了压缩，那么每秒钟传输的数据位数通常大于调制速度，使得交换使用波特和 bit/s 偶尔会产生错误。

6. 数据通信设备 （Data Communication Equipment，DCE）

DCE 提供建立、保持和终止联结的功能，调制解调器就是一种 DCE。

7. 数据终端设备 （Data Terminal Equipment，DTE）

DTE 提供或接收数据。联结到调制解调器上的计算机就是一种 DTE。

8. 线路速度 （line rate）

又称 DCE 速度，单位是 bit/s。指的是连接两个调制解调器之间的电话线（或专线）上数据的传输速度。常见速度有 56000bit/s、334bit/s、28800bit/s 等。

9. 端口速度 （port rate）

又称 DTE 速度或最大吞吐量。指的是计算机串口到调制解调器的传输速度。由于现今调制解调器几乎都支持该速率的 V.42bis 和 MNP5 压缩标准（压缩比都是 4:1），所以这一速度一般比线路速度快得多。

10. 专线 （special railway line）

专线指的是普通的两根无源（或有源）电线。在专线上拨号没有拨号音，因而需专门硬件支持。

11. 拨号 （to dial a number）

拨号线就是普通电话线，通过电话系统拨号。常见的调制解调器都支持拨号线，而不一定支持专线。

12. 远程设置 （remote setup）

指本地调制解调器与远方调制解调器连通后，远方使用者能对本地调制解调器的参数进行设置。

13. 数据位和流量控制 （Data Bit and Flow Control，DB&FC）

Modem 在传输数据时，每传送一组数据，在数据包中都要含有相应的控制数据，不同的通信环境下有不同的数据位和结束位标准。流量控制是用于协调 Modem 与计算机之间的数据流传输的，它可以防止因为计算机和 Modem 之间通信处理速度的不匹配而引起的数据丢失。流量控制分硬件流量控制（RTS/CTS）和软件流量（XON/XOFF）控制两种形式。

14. 数据 – 语音同传 （Digital Simultaneous Voice and Data，SVD）

所谓数据 – 语音同传，就是在 MODEM 进行数据通信的同时还可以利用普通电话机通话。根据具体实现方式的不同，数据/语音同传有模拟数据 – 语音同传（Analog Simultaneous Voice and Data，ASVD）和数字数据 – 语音同传（Digital Simultaneous Voice and Data，DSVD）两种。

15. 无线信道（wireless channel）

无线信道就是常说的通道，它是以无线电波信号作为传输媒体的数据信号传输通道。

一般路由器设置 2.4GHz（2.4 ~ 2.4835GHz）频段，频段带宽 20MHz，分 13 个信道，一个信无线信号会同时干扰与其左边和右边各两个信道，即信道 3 的信号会影响信道 1、2 和信道 4、5（两个信道间隔 5MHz），所以在设置无线信道时，尽量远离其他无线信号源的两个以上的信道（一个信道同一时间只有一台设备可发送数据）。而 n 协议可设置 40MHz 频段带宽，是通过 2 个 20MHz 信道叠加实现的。

16. 无线电波（radio waves）

无线电波是指在自由空间（包括空气和真空）传播的射频频段的电磁波。

电磁波包含很多种类，按照频率从低到高的顺序排列为：无线电波、红外线、可见光、紫外线、X 射线及 γ 射线。无线电波分布在 3Hz 到 3000GHz 的频率范围之间。在这个频谱内可以细划为 12 个波段

无线电波的频率越低，传播损耗越小，覆盖距离越远，绕射能力也越强。但是低频段的频率资源紧张，系统容量有限，因此低频段的无线电波主要应用于广播、电视、寻呼等系统。

高频段频率资源丰富，系统容量大。但是频率越高，传播损耗越大，覆盖距离越近，绕射能力越弱。另外，频率越高，技术难度也越大，系统的成本相应提高。

17. 频段（frequency channel）

频段是将整个频率分成段，如 2.4GHz（2.4 ~ 2.4835GHz）频段，5GHz（5.15 ~ 5.85GHz）频段。

各国都将 2.4GHz 频段划分与 ISM 范围，所以 WiFi、蓝牙等均可以工作在此频段上，虽然无需授权都可以使用这些频段资源，但管制机构对设备的功率有要求，因为无线频谱具有易被污染的特点，较大功率会干扰周围其他设备的使用。

18. 频段带宽（信道带宽）（channel bandwidth）

频段带宽是发送无线信号频率的标准。在常用的 2.4 ~ 2.4835GHz 频段上，每个信道的频段带宽为 20MHz；前者工作的协议有 b/g/n，后者有 ac/a/n。

频率越高越容易失真，其中 20MHz 在 11n 的情况下能达到 144Mbit/s 带宽，它穿透性较好，传输距离远（约 100m 左右）；40MHz 在 11n 的情况下能达到 300Mbit/s 带宽，穿透性稍差，传输距离近（约 50m 左右）。

195

19. 无线频谱（无线电波的频率，单位 Hz）（wireless spectrum）

无线频谱是一种非常重要的资源，有些频率范围内的频谱资源必须得到管制机构的授权才可以使用，而有些频率范围的频谱资源无需管制机构的授权就可以使用。这些无需授权的频谱大部分集中在 ISM，国际公用频段中。

20. 带宽（bandwidth）

数字信号系统中，带宽用来标识通信线路所能传送数据的能力，即在单位时间内通过网络中某一点的最高数据率，常用的单位为 bit/s（又称为比特率，bit per second，比特每秒）。在日常生活中中描述带宽时常常把 bit/s 省略掉，例如，带宽为 4M，完整的写法应为 4Mbit/s。

21. 吞吐量（throughput）

吞吐量与带宽的区分：吞吐量和带宽是很容易搞混的一个词。

当讨论通信链路的带宽时，一般是指链路上每秒所能传送的比特数，它取决于链路时钟速率和信道编码，在计算机网络中又称为线速。可以说以太网的带宽是 10Mbit/s。但是需要区分链路上的可用带宽（带宽）与实际链路中每秒所能传送的比特数（吞吐量）。通常更倾向于用"吞吐量"一词来表示一个系统的测试性能。这样，因为实现受各种低效率因素的影响，所以由一段带宽为 10Mbit/s 的链路连接的一对节点可能只达到 2Mbit/s 的吞吐量。这样就意味着一个主机上的应用能够以 2Mbit/s 的速度向另外一个主机发送数据。

22. 码流（data rate）

码流是指视频文件在单位时间内使用的数据流量，也叫码率或码流率，是视频编码中画面质量控制中最重要的部分，一般用的单位是 kbit/s 或者 Mbit/s。一般来说同样分辨率下，视频文件的码流越大，压缩比就越小，画面质量就越高。码流越大，说明单位时间内取样率越大，数据流，精度就越高，处理后的文件就越接近原始文件，图像质量越好，画质越清晰，要求播放设备的解码能力也越高。

23. 帧率（frames per second）

一帧就是一副静止的画面，连续的帧就形成动画，如电视图像等。通常所说的帧数，就是在 1s 时间里传输的图片，也可以理解为图形处理器每秒钟能够刷新几次，通常用 fps（frames per second）表示。每一帧都是静止的图像，快速连续地显示帧便形成了运动的假象。高帧率可以得到更流畅、更逼真的动画。每秒帧数（fps）越多，所显示的动作就会越流畅。

24. 分辨率（Resolving Power，R. P.）

视频分辨率是指视频成像产品所成图像的大小或尺寸。常见的视像分辨率有 352×288，176×144，640×480，1024×768。在成像的两组数字中，前者为图片长度，后者为图片的宽度，两者相乘得出的是图片的像素，长宽比一般为 4:3。

目前监控行业中主要使用 Qcif（176×144）、CIF（352×288）、HALF D1
（704×288）、D1（704×576）等几种分辨率。

附录 B 相关技术标准

《GB 50116—2013 火灾自动报警系统设计规范》

《GB 50169—2016 电气装置安装工程 接地装置施工及验收规范》

《GB 50174—2017 数据中心设计规范》

《GB 50339—2013 智能建筑工程质量验收规范》

《GB 50343—2012 建筑物电子信息系统防雷技术规范》

《GB 50462—2015 数据中心基础设施施工及验收规范》

《GB/T 11442—2017 C 频段卫星电视接收站通用规范》

《GB/T 30284—2020 信息安全技术 移动通信智能终端操作系统安全技术要求》

《GB/T 36464.1—2020 信息技术 智能语音交互系统 第 1 部分：通用规范》

《GB/T 38843—2020 智能仪器仪表的数据描述 执行机构》

《GB/T 38844—2020 智能工厂 工业自动化系统时钟同步、管理与测量通用规范》

《GB/T 40647—2021 智能制造 系统架构》

《GB/T 40648—2021 智能制造 虚拟工厂参考架构》

《GB/T 40654—2021 智能制造 虚拟工厂信息模型》

《GB/T 40655—2021 智能生产订单管理系统 技术要求》

《GB/T 40659—2021 智能制造 机器视觉在线检测系统 通用要求》

《GB/T 50314—2015 智能建筑设计标准》

《GB/Z 38623—2020 智能制造 人机交互系统 语义库技术要求》

《ISO/IEC 11801：2017 信息技术 用户基础设施结构化布线》

《YD/T 926.2—2023 信息通信综合布线系统 第 2 部分：光纤光缆布线及连接件通用技术要求》

197

参 考 文 献

［1］程鹏飞. 我国光纤通信技术发展的现状和前景分析［J］. 无线互联科技，2019（11）：3－4.

［2］赵梓森. 光纤通信工程［M］. 北京：人民邮电出版社，1994.

［3］赵梓森. 数字光纤通信系统原理［M］. 北京：科学出版社，1984.

［4］赵梓森. 光纤通信技术概论［M］. 北京：科学出版社，2015.

［5］刘觉平. 量子力学［M］. 北京：高等教育出版社，2012.

［6］濮小金，司志刚. 电子商务概论［M］. 北京：机械工业出版社，2003.

［7］王要武. 管理信息系统［M］. 北京：电子工业出版社，2012.

［8］蒋青. 现代通信技术基础［M］. 北京：高等教育出版社，2008.

［9］敖志刚. 现代网络新技术概论［M］. 北京：人民邮电出版社，2017.